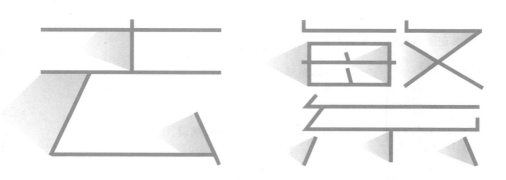

INTERACTION DESIGN

交 互 设 计 知 识 体 系 精 讲

吴轶 \ 编著

U0348567

人民邮电出版社
北京

图书在版编目（CIP）数据

去繁从简：交互设计知识体系精讲 / 吴轶编著. --
北京：人民邮电出版社，2020.6
ISBN 978-7-115-53668-6

Ⅰ. ①去… Ⅱ. ①吴… Ⅲ. ①人-机系统－系统设计
Ⅳ. ①TP11

中国版本图书馆CIP数据核字（2020）第049658号

内 容 提 要

这是一本有关交互设计规范与思维方式的指导用书。全书分为8章：第1章介绍交互设计的基本知识，第2章讲解交互设计的基本原则，第3章讲解 iOS 和 Material Design 系统的交互设计规范，第4章是作者结合自身经验梳理总结的一套移动端的设计规范，第5章讲解 Web 端的设计规范，第6章讲解交互原型图的设计规范与设计方法，第7章讲解的是团队产品交互设计的工作流程，第8章是对交互设计的综合分析与讲解。

本书特别适合初级交互设计师阅读，也可作为中高级交互设计师的参考用书。此外，本书也适合 UI 设计师和互联网产品经理阅读。

◆ 编　著　吴　轶
　　责任编辑　王振华
　　责任印制　马振武

◆ 人民邮电出版社出版发行　　北京市丰台区成寿寺路 11 号
　　邮编　100164　电子邮件　315@ptpress.com.cn
　　网址　https://www.ptpress.com.cn
　　北京富诚彩色印刷有限公司印刷

◆ 开本：690×970　1/16
　　印张：15
　　字数：450 千字　　　　　　　2020 年 6 月第 1 版
　　印数：1 – 2 300 册　　　　　2020 年 6 月北京第 1 次印刷

定价：69.00 元

读者服务热线：**(010)81055410**　印装质量热线：**(010)81055316**
反盗版热线：**(010)81055315**
广告经营许可证：京东市监广登字 20170147 号

推荐语

这是一本"干货型"的交互设计书。全书对原则、规范、方法、流程及价值 5 个维度的知识体系进行了系统全面的梳理与分析，让交互设计（Interaction Design）这个模糊的概念具象化，且更容易被广大读者理解。推荐交互设计师将此书作为参考书进行阅读。

——华为设计专家 刘丰

本书总结了作者在互联网行业中的工作经验和设计方法，对于想入门交互设计的读者可以起到引导的作用。作者从组件的功能这一维度出发，分别对移动端、Web 端的设计原则与规范进行了详细的讲解。对于初学者来说，在实际工作中查找并应用这些组件会十分有用。

——爱奇艺资深交互设计师 董尚昊（沐风）

本书从专业定位、设计原则、设计规范讲到用户体验设计团队的工作流程，再到实战项目分析，基本涵盖了互联网产品交互设计的所有知识。一个好的交互设计师必须有足够扎实的专业基础，能系统地掌握交互设计的知识体系，才可以在交互设计的道路上越走越远。期待交互设计师和对交互设计领域有兴趣的读者能从本书中获益。

——B 端产品交互设计专家 王凯

本书系统地阐述了移动端和 Web 端交互设计规范的各种细节，作者的观点深入浅出，通俗易懂，非常适合刚入门或正在转型成为交互设计师的人学习，同时也适合资深体验设计师全面系统地厘清交互设计思路及交互设计规范。

——华为高级用户体验设计师 江明

序

在几年前交互设计行业刚刚兴起的时候，有人问我什么是交互设计。说实话，我当时也有很多疑惑，不知道该如何作答。这几年通过对交互领域知识的学习和工作实践的验证，我对交互设计有了自己的定义。

在我看来，交互设计是对用户产品（App、网站及 PC 客户端）使用行为或使用过程的优化设计。交互设计师需要对人机交互关系、过程及结果负责，是对全过程体验负责的职业角色。

本书包含了对交互设计的概念、设计原则、不同平台系统的控件规范、交互原型图的设计规范与方法、整个用户体验团队的工作流程和实战项目的经验分析与方法的讲解，严格遵循了读者的基本学习路径，不仅基础全面，而且非常实用。

同时，随着近几年来互联网行业的不断发展，传统产品设计、用户研究及运营岗位的边界逐渐模糊。用户体验设计更注重商业价值，环境思维的变化对交互设计师的能力提出了更高的要求。目前的交互设计师不仅要做好设计，还需要开发更多复合型的成长空间，包括对产品和开发的理解能力，对项目的沟通与推动能力，对产品布局的设计能力，对美学、品牌的认知能力，对用户研究方法的掌握能力，以及对数据的解读和整理能力。

交互设计师是需要持续学习、持续成长的职业。对于一个想要做好交互设计的设计师来说，在日常工作中需要不断尝试、积累经验、开阔眼界并深入思考，增加自己的知识维度，并坚持理论与实操相结合，以此来创造更大的产品商业价值。

　　通过和本书作者吴轶共事合作，我真正地了解了他。吴轶是一个实战派、实操派，书中的每一块知识他都亲自实践验证并最终转化为能落地的有效方法。在我们团队统一的价值观里，有一句话特别重要——总喊着一些方向性的口号，但从来不落地，不接近实操，没有好的工作方法和行为改变的规则，一切概念的输出都是无用的。而在写这本书时，他很好地践行并贯彻了这句话。在日常工作中，他一如既往地和团队一起在从 UED（User Experience Design，用户体验设计）到 UGD（User Growth Design，用户增长设计）的道路上做了非常多具有探索性和指导性的工作。他不仅为团队在视觉表现层和交互框架层进行了专业的辅导，还在数据驱动设计、探索流量分发设计方法等方面对设计师们的思维方式做了新的引导，打破了一些僵化的思维壁垒，真正地帮助设计团队提升了在公司中的价值。

——360TAD 设计团队负责人　张一权

前言

入行交互设计一年左右，我在工作中思考最多的问题是交互设计师需要懂哪些专业知识，并且如何提升自己的专业能力。相信很多交互设计师都被这个问题困扰过。从 2017 年开始，我便尝试着去思考和梳理交互设计师在工作中应该掌握哪些技能，并通过写文章的方式分享给他人。

通过这么多年对工作经验的不断积累与总结，我深刻地了解了交互设计师应该掌握哪些专业知识和应该如何去提升自己的专业能力。我在此将其集结成书并分享给广大读者，因此说这是一本交互工具书再贴切不过了。

当然，交互设计师在不同的工作阶段所关注的侧重点也会不一样。这一变化也说明了在交互设计中，设计师的设计思维和认知能力需要不停地升级。在笔者看来，交互设计师在工作中要经历的成长阶段有 4 个，即组件化阶段、数据化阶段、用户体验和商业化平衡阶段、把控产品设计形态阶段。

组件化阶段

工作 2~3 年的设计师一般会关注组件化，对 Android、iOS 及 PC 端的组件会有比较深刻的了解，在工作过程中也多使用组件化思维做设计。

运用组件化思维做设计的好处包括以下 3 点：一是细节理解更彻底，设计师制定各个组件样式和规范并在设计中进行运用，可以尽量防止细节的遗漏，同时整个产品的统一性能得到进一步增强；二是设计效率更高，直接复用组件样式而不需要对每个组件的样式和规范都进行设计，且一套组件可复用多个模块业务，能为设计师节约很多的时间成本；三是高效创新，在没有组件化之前，设计师需要花费大量的时间去设计各个组件样式和状态，通过组件化思维进行设计，设计师可形成统一的认知并快速落实和完成业务，节约出更多的时间去思考产品背景，基于对产品背景下的产品目标的拆解，完成设计全过程的落地，打磨用户使用流程，让设计变得更高效。

学习组件化的合理路径包括以下两点：一是梳理 iOS 端、Android 端及 PC 端的组件控件名称和分类，然后完善以上 3 端组件控件的定义、使用场景、组件所有分类和状态、交互规则及特殊场景等；二是制定组件控件的设计规范，然后制作成对应的 Sketch 组件库、Axure 元件库，有条件的话甚至可以做成支持多业务的、开放式的组件平台。

数据化阶段

工作 3~5 年的设计师一般会关注数据，思考数据可以给设计带来什么。通过对数据的比对和对数据趋势的分析，设计师可以发现哪些环节存在问题、哪些环节有提高空间，明确各种数据指标、设计目标，让数据为设计服务。

数据埋点可以为设计师提供数据支撑和后期的方案验证，有利于产品后期的迭代和优化。设计师通过数据，可以很好地判断和预测设计所带来的效果和未来的走势。

学习并利用数据进行设计需要分为 3 个阶段来进行，即挖掘数据、分析数据和利用数据。

用户体验和商业化平衡阶段

产品通过将流量变现来盈利，这一过程就是商业化。从用户那里获取价值或收益，这一过程不可避免地需要以牺牲用户数量为代价。同时，这也是一个降低用户体验的过程。如果产品不断地挖掘用户的价值而无法提供大于所获取价值的产品功能和体验，那么用户就会不断地流失。

商业化设计可以使用两种设计方法：一种是通过灰色版本提供小样本数据，然后通过数据计算去平衡调整用户体验度和商业化价值；另一种是通过全视觉高纬度的产品决策来平衡调整用户体验和商业化价值。这两种方法的区别是前者是量化的，即可以提供很直观的数据；后者是产品战略决策，即靠的是产品感和设计感的经验。

把控产品设计形态阶段

把控产品设计形态是指设计师对整个产品的设计形态有很深刻的理解，能很好地把控产品的设计走势，甚至把控产品功能。

能把控产品设计形态的设计师，基本是设计主管或设计总监级别的。对于这个层次的设计师而言，最大的挑战不是设计专业本身，而是其他角色的需求。说服其他角色的领导并控制产品的需求，同时管理团队是设计师必须要完成的事情。在这一阶段，设计师需要全面、理性地看待需求功能，并做出合适的设计，还需要通过对设计的良好把控，确保产品的设计能够有条不紊地进行，甚至要保障产品的更新和迭代。

而处于执行级别的设计师，依旧需要具备把控产品设计形态的意识，只有这样才能形成属于自己的设计价值观，并为自己将来成为资深设计师、设计专家打下一定的基础。

本书包含以上所讲的这 4 个阶段的大部分内容，对于有一定设计基础和设计经验的交互设计师来说很值得一看。同时也祝广大读者阅读愉快，并在阅读本书之后能够做到学以致用。

吴 轶

目录

目录

第6章

交互原型图的设计规范与方法 177

目录

第 1 章

交互设计的基本认识

1.1　交互设计师的价值体现

在互联网设计工作中，交互设计师的主要任务就是设计出完整的用户操作流程和使用界面，同时保证设计的操作流程和使用界面符合用户的认知模型，从而减少用户在使用产品过程中因产生困扰而导致操作任务失败的情况。

交互设计师是承接上游（产品经理）和下游（视觉设计师）的角色，其价值体现在两个方面：一方面是在团队工作流程中的价值体现，另一方面是在用户体验提升工作中的价值体现。

1.1.1　在团队工作流程中的价值体现

产品经理的需求来自产品业务、用户诉求和产品自身功能的迭代。产品经理将业务目标转化为产品目标，并按照开发的节奏提出对产品的需求。产品经理提出了产品需求，就要开始进行需求评审了，之后交互设计师开始参与进来，交互设计师在这个阶段需要做的事情主要包括交互设计和交互评审。

---- 提示 --

对于产品需求的合理性，用户研究人员可以协同产品经理进行用户需求调研并予以佐证。

需求评审通过后，交互设计师需要在熟悉业务的前提下着手对需求进行交互设计，将产品需求转化为交互流程界面和对应的交互标注说明，并形成交互输出文档。

在交互评审时，视觉设计师需要参与进来。在完成交互评审之后，视觉设计师需要着手进行视觉设计。在视觉设计师完成视觉设计工作之后，交互设计师要审核一遍视觉设计稿，保证界面的交互逻辑和视觉效果没有问题，然后进行视觉评审。在完成视觉评审后，视觉设计师需要将视觉设计稿交给对应的开发人员。

在视觉评审后，开发人员就可以开始进行功能性的开发了。开发完成后，测试人员会进行功能性的测试和交互视觉走查。

团队工作流程如下图所示。

---- 提示 --

上图展示的是一个比较常见的 UED 工作流程。在一部分 UED 团队中，交互设计稿和视觉设计稿需要先由内部评审，然后再交由产品经理和开发人员进行评审。

在日常工作中，因为产品经理负责的工作面太广，会消耗很多的时间和精力，所以在画原型图的过程中难免会出现对设计的细腻度把控不够的情况。这时候，交互设计师需要帮助产品经理将产品需求转化为交互流程界面（原型图）。交互设计师如果承接了画原型图的工作，就会使得产品经理的工作负担大大减轻。

有了交互设计师，视觉设计师就不再需要重复地改稿子了。因为在交互设计稿的评审过程中，交互设计师已经将界面和各个逻辑状态界面都确定好了，所以这时候视觉设计师只需要将更多的时间和精力放在对界面美观度的把控上即可。

1.1.2　在用户体验提升工作中的价值体现

交互设计师在用户体验提升工作过程中的价值体现主要包括以下 4 个方面。

1.　以场景化思维进行设计

交互设计师一般更加擅长揣摩用户的行为特征，并将用户行为按照场景化思维进行设计。以场景化思维进行设计很符合用户的行为特征，由此可以减少用户在使用过程中出现障碍的情况。

以手机邮箱为例，其中涉及的主场景包括以下 3 个。

首先是用户可以通过手机随时随地查看邮件，并进行回复、转发和标记。用户在手机邮箱 App 中登录公司邮箱时，如果想要查看邮件，则可以上下滑动邮件列表，然后进入"查看详情"页面查看。针对比较重要的邮件，用户会选择立即查看，并可能对邮件进行回复、转发或标记；针对不是那么重要的邮件或在无法及时查看邮件的情况下，用户可以用红旗图标进行标记（旗标），方便后续查找，如下图所示。

其次是发送一些内容简单的邮件。如果用户想将手机上的一些图片和视频上传到计算机并使用的话，考虑到在微信上发图片和视频会压缩画质，且又不经常使用 QQ，这时用户可以先将这些图片和视频上传到手机邮箱，之后就可以在计算机上打开邮箱并完成下载了，具体操作如下图所示。

最后是搜索邮件。用户有时需要找到以前的一些工作邮件，但可能由于时间久远或邮件过多，很难直接在列表中找到需要的邮件。这时用户可以使用"邮件搜索"功能，并按照主题或发件人等的关键词快速、精准地找到邮件，具体操作流程如下图所示。

2. 熟悉组件和界面的布局

用户在使用主流产品的过程中，主流产品的操作逻辑已经在潜移默化地影响着用户，而且通常主流产品的设计是非常符合用户的使用习惯的。在做产品时，交互设计师应尽量遵循主流产品的设计方式，以提升产品的用户体验。

一般来说，交互设计师对 Android 系统、iOS 系统及 Web 端的组件控件和空间布局会很了解甚至精通，因此能很好地辨别不同组件的使用范围和场景，同时能快速地判断出组件和界面的布局是否合理。

以 Android 系统的微信为例。图 a 显示的是用户长按列表所出现的菜单组件，在新版本的微信中点击"视频通话"功能时，在界面的底部会出现动作条，如图 b 所示。在旧版本微信中点击"视频聊天"功能时，在界面的中部会出现动作条，如图 c 所示。而由于菜单的出现往往伴随着长按手势，因此图 b 所示的新版本的交互样式无疑更符合用户的习惯和认知。

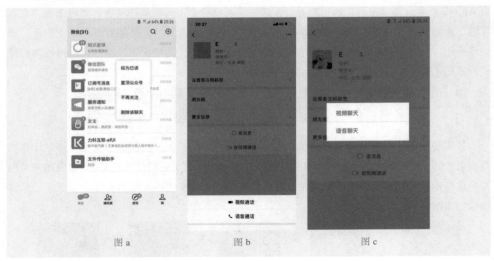

图 a   图 b   图 c

3.　情感化设计

情感是人将外界事物作用于自身的一种生理反应，是由人的需求和期望决定的。当人的某种需求和期望得到满足时会产生愉快、喜悦等情绪，反之则会产生苦恼、厌恶等情绪。

用户在使用产品的过程中是否能够产生愉悦的情绪，这样细腻的情感化设计大多需要视觉设计师和交互设计师共同来完成。常见的情感化设计可以从表情、文案、插画及动画等方面入手。

如下图所示，用户在使用 Chrome 浏览器时，下拉页面会出现隐藏的"彩蛋"操作，用户向左右滑动即可完成关闭当前页面或新建窗口的操作。

4.　全面的交互逻辑设计

对于交互设计师来说，设计原型的基本要求是细致和全面，在设计中需要关注多流程的状态、异常场景、手势操作、关键字段的规则定义、极限情况、多种角色、权限、刷新、加载及转场说明等问题。交互设计师的工作可以保障整个产品的交互逻辑无遗漏。

1.2 UED 团队的设计流程

在互联网行业中，大型的 UED 团队在设计产品时通常会经历产品需求→需求评审→交互设计→交互评审→视觉设计→视觉评审→开发走查→可用性报告这些流程，如下图所示。

产品需求	需求评审	交互设计	交互评审	视觉设计	视觉评审	开发走查	可用性报告
产品经理 交互设计师 用户研究人员	产品经理 业务方 交互设计师 开发人员	交互设计师	交互设计师 产品经理 开发人员 视觉设计师	视觉设计师	视觉设计师 产品经理 交互设计师	视觉设计师 交互设计师	用户研究人员 交互设计师 视觉设计师
需求文档	需求文档	交互文档	交互文档	视觉设计稿	视觉设计稿	走查报告	可用性报告

1.2.1 产品需求

在产品需求阶段，产品经理起着主导作用。产品经理需要全程参与产品功能的需求挖掘工作，交互设计师辅助产品经理做需求的可行性分析和场景分析，用户研究人员可通过访谈用户来挖掘用户需求。

产品需求的挖掘通常包括 3 种类型，即战略级产品需求、用户级产品需求和用户体验级产品需求。

战略级产品需求：属于产品需求中的核心需求，它关系到整个产品模型，影响产品的运营和商业模式。针对特定目标人群的痛点制定用户目标，然后将用户目标转化为产品目标，从而达到商业化的目的。

用户级产品需求：通过收集绝大部分用户的反馈意见和痛点，从而得到产品的需求和优化清单。

用户体验级产品需求：通过 UED 团队制定的体验优化方案，做用户体验方向的需求优化。

让交互设计师参与前期的产品需求挖掘工作有以下 3 点好处。

（1）交互设计师可以更加熟悉业务，了解产品的背景和设计目标，便于更顺利地完成后续的交互设计工作。

（2）协助产品经理分析用户的使用场景和各个触达点，使后面的交互设计可以更好地与产品需求衔接起来。

（3）可以更好地平衡商业和设计的关系，让设计在满足用户体验需求的情况下更大化地发挥商业价值。

用户研究人员在参与前期的产品需求挖掘工作时，涉及的具体工作内容包括以下两个方面。

（1）通过问卷调查、用户访谈等方式了解用户的需求和使用场景，进而制作用户画像。

（2）通过输出用户调查报告佐证产品需求的可行性。

1.2.2 需求评审

当产品需求挖掘工作完成之后，需要进行需求评审。在此期间，产品经理需要与业务方、开发人员和设计人员一起进行评审，讨论并检验产品需求的可行性和是否满足产品的商业目标、用户目标和产品目标等。当各方意见都达成一致后，需求评审就基本达到目的了。需求评审的内容如下图所示。

☐ 业务背景　　☐ 产品目标　　☐ 流程全景图　　☐ 权限逻辑矩阵　　☐ 字段枚举源　　☐ 用户流程图　　☐ 功能列表

1.2.3 交互设计

需求评审工作完成之后，交互设计师就要开始进行交互设计了。

在交互设计工作中，交互设计师需要制作交互原型图，而在制作交互原型图前，交互设计师需要完成以下 5 点思考。

（1）为什么要做这个功能？（业务缘由）

（2）产品期望的结果是什么？（业务目标）

（3）谁来使用这个功能，使用场景是什么？（目标用户）

（4）用户为什么要使用这个功能？（用户需求）

（5）如何让用户高效、顺利地使用这个功能？（业务流程）

当完成以上 5 点思考之后，交互设计师需要继续厘清思路，先查找相关的竞品，再分析相关竞品的目标用户人群和商业定位，还要思考主场景和小场景，最后进行流程设计。

在流程设计中，交互设计师需要先梳理产品的用户主场景流程，然后梳理用户的小场景流程，接着梳理异常流程，最后根据流程绘制出对应的流程界面。

在绘制流程界面时涉及的内容主要包括以下 4 个方面。

（1）充分理解业务缘由、业务目标、目标用户及用户需求等，并根据这些内容找到用户所有操作流程的触达点。

（2）通过场景的触达点绘制出产品的页面流程图。

（3）找到所有的异常场景并梳理制作流程。

（4）了解大部分用户的行为和认知并进行对应的流程设计。

之后，交互设计师需要制作并输出交互文档。交互文档需包含完整的项目简介、需求分析、新增修改记录、信息架构、交互设计的方案阐述、页面交互流程图（包括界面布局、操作手势、反馈效果及元素的规则定义）、异常页面和异常情况的说明。

在制作交互文档时，笔者要给读者以下 5 点建议。

（1）一个页面一个任务。每一页能展示的内容是有限的，如果同一页中堆积太多的线框图，会导致易读性变差。

（2）每个任务都有起点和终点。一个任务应该从起点开始直到终点结束，拥有完整的用户操作路径。

（3）同一页面的不同状态最好在一个页面内展示（不要忽略极端情况）。

（4）页面布局规范，交互规则定义清晰，准确传递设计方案。

（5）尽量以黑白灰的形式呈现，避免出现过多的颜色对视觉设计造成干扰。

---- 提示 ---

有关交互文档制作的一些更具体的内容会在第 6 章进行详细讲解，这里不再过多讲述。

1.2.4　交互评审

交互评审一般会由交互设计师、产品经理、开发人员和视觉设计师一起参与。

在评审过程中，交互设计师需要学会拆分使用场景并讲述交互方案。整个交互原型图可以拆分为很多页。交互设计师首先需要讲解整个设计的背景（包含业务背景和技术背景）、适用人群及整个交互设计解决了哪些问题，然后讲解需求、拆分需求，并根据不同的使用场景制作对应的功能流程图，最后拿着对应的场景、功能流程图和交互原型图一一对应进行整体评审，该流程如下页图所示。

---- 提示 ----

交互设计师如果直接用具体的交互原型界面进行评审，很容易被会议上的其他人质疑和推翻。一般来说，参与此种会议的人员对于界面的具体感知度都很高，这时设计师可以先用相对抽象的设计内容进行评审，吸引更多人进行关注，之后再给出具体的交互原型界面。

1.2.5 视觉设计

当交互评审完毕，视觉设计师就需要进行视觉设计了。由于参与了交互评审，视觉设计师会对交互文档有一定的印象。在交互设计师将交互文档递交给视觉设计师时，对于比较重要的地方交互设计师可以进行具体讲解与说明，方便视觉设计师快速理解，减小设计中出错的概率。

交互设计师和视觉设计师在工作中需要密切交流。视觉设计师在完成视觉设计稿时，需要交互设计师核对，以免视觉设计稿出错。

1.2.6 视觉评审

在产品从"0"到"1"的设计过程中，视觉评审人员的主要工作是讨论产品的设计风格和配色。在确定视觉设计稿没有交互问题后，视觉评审人员会再讨论视觉设计稿的设计细节。

在产品功能迭代期间，视觉评审人员评审的内容主要是整体视觉风格的继承性和视觉设计稿的细节问题，如视觉设计师对交互的理解是否到位、逻辑及视觉层次是否正确等。

1.2.7 开发走查

在正式版产品发布之前，交互设计师和视觉设计师需要对线上测试版本进行走查。这时交互设计师主要负责走查交互问题，视觉设计师主要负责走查视觉问题。走查完成后，交互设计师和视觉设计师需要将走查过程中发现的问题汇总起来，并针对这些问题给出对应的评级（包括"非常严重""严重""良"和"一般"这4个级别），然后制作出一份走查报告，发给开发人员和产品经理。交互设计师和视觉设计师在开发人员完成修改之后，要再次对走查问题进行验收，以确保问题修复完成。

1.2.8　可用性报告

对于线上产品的版本，用户研究人员需要与交互设计师一起制定用于可用性测试的脚本。用户研究人员与交互设计师将测试用户的一系列操作，以此验证线上产品的易用性。

在用户研究人员完成可用性测试并制作好报告之后，交互设计师会对用户研究人员反馈的问题进行评估，然后联系产品经理，就可接受的反馈意见对产品进行推动、优化和迭代。

1.3　如何通过交互设计提升用户体验

用户体验的提升主要包括宏观与微观两个方面。从宏观方面来说，提升用户体验就是提升整个产品所能触达的服务。以滴滴打车服务为例，当用户使用滴滴出行 App 打车时，涉及的触达点有上车前、坐车中和下车后。这 3 个触达点构成了产品的用户体验，而"打开滴滴出行 App →输入目的地→与司机电话联系并确认具体位置→上车→到达目的地 →扣款→评价"这一流程就是用户整体的使用体验。也就是说，好的用户体验不仅指用户对 App 产品的好感度，还指用户对服务流程的好感度。从微观方面来说，提升用户体验就是提升用户使用 App 产品的体验。针对微观方面的用户体验的提升，设计师主要可以从以下 3 个方面着手。

1.3.1　优化功能流程

功能流程的优化工作主要包括两个方面：一是建立合理的信息架构，二是使功能贴合用户场景。

1. 建立合理的信息架构

由于信息架构直接反映整个产品的结构和形态，因此在交互设计中，好的信息架构至关重要。信息架构大体上可分为两种类型：一种是广而浅的信息架构（见信息架构 a），另一种是窄而深的信息架构（见信息架构 b）。

广而浅的信息架构的优点是可以将更多的信息展示给用户，方便用户查看，而不需要用户进行深入探索；缺点是一下子展示太多信息，可能会让用户难以接受和理解。

窄而深的信息架构的优点是展示给用户的信息很少，用户可以更好地关注当前的信息；缺点是路径过深，当用户需要查找一些特定的信息时，需要花费较多的精力。

综上所述，a 和 b 两种信息架构都存在明显的优缺点，而信息架构 c 就很好地平衡了前两种信息架构的优缺点，使产品的架构更合理。

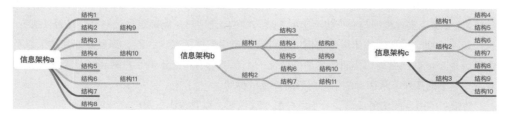

2. 使功能贴合用户场景

在优化功能流程的工作中，交互设计师需要梳理产品功能，以用户使用场景的形式梳理设计流程，使功能更加贴合用户使用场景。

用户使用场景包括人物、时间、地点和事件四要素。只有交互设计师完整地梳理了用户使用场景，并且设计出更切合用户实际使用场景的流程和页面之后，产品的用户体验才会更好地得到提升。

1.3.2　提升设计体验

设计体验的提升工作包括以下 9 个方面。

操作效率：操作效率的提升方式主要有优化性能、减少操作路径、减少页面跳转及支持批量操作等。优化性能指提升产品性能、优化缓存、优化加载和优化上传机制；减少操作路径指优化用户操作路径，在保证用户认知的情况下让用户用尽量少的步骤完成相应的操作；减少页面跳转指通过使用较少的页面跳转来增加页面的连贯性，减少用户的记忆负担，让用户的操作有更好的连续性；支持批量操作是一种比较直观的提升操作效率的方法，批量操作减少了操作量，有效地提升了用户的操作效率。

---- 提示 ---

适用批量操作的场景有很多，常见的有邮箱、短信和相册等。在具体设计时，不是每个场景都可以批量操作的，而需要有一定的场景区分。

操作认知：任务流程和页面操作的设计需要符合绝大部分用户的心智模型，设计师要避免因为自身的操作认知与大部分用户不一致，导致用户在体验上出现缺陷。

任务成功率：设计师应当以提升用户任务的操作成功率为重要的设计目标，提升产品的体验感。

易学性：设计师可以从引导、场景指示、遵循已有的用户习惯，以及巧妙地运用动画和视觉效果这 4 个方面来提升用户体验。

反馈：当用户执行完某步操作后，如果系统没有及时给出相应的反馈提示，用户就会产生疑惑。这会造成实现模型与心理模型上的矛盾与冲突，让用户不能确定自己的操作是否被执行、执行是否成功、执行的整体进度如何、执行后会产生怎样的影响、能在哪里查询到结果以及执行后是否可以被撤销等，而这其中的任何一个环节都有可能影响用户对当前任务的理解和对下一环节的操作，从而影响用户对整个产品的体验。

防错：包括合理使用反馈、给予用户引导或说明，以及给出恢复的方法或说明等。

一致性：包括交互视觉的一致性、定义规范的一致性和布局界面的一致性等。

可见性：重要的信息和功能可见，可以提升用户获取信息的效率。

组件规范性：产品应当使用统一且规范化的组件控件。

1.3.3 优化实现机制

在交互设计中，一个好的交互设计师不仅要关注界面架构、界面布局、交互流程和美观度的处理，还要考虑程序的实现机制。科学合理的程序实现机制，可以让整个产品的用户体验更好。

下面，笔者用两个例子分析说明如何优化程序的实现机制。

例 1，在用户使用微信发语音的过程中，微信后台可以同步上传信息，而不是等待用户发完语音后再统一提交服务端，如此可以让整个操作流程更顺畅、快速，减少用户的等待时间，从而达到提升用户体验的目的。

例 2，用户在断网的情况下也可以使用微信发送朋友圈动态消息，当用户点击编辑好的消息进行发送时，即使断网了，微信后台仍会以"假数据"的方式给用户以"发送成功"的动态反馈，然后再在恢复网络后继续上传消息。一般来说，虽然断网的场景极少，但是朋友圈这个设计满足了绝大部分用户要求操作顺畅的心理需求，无形之中让用户体验得到了提升。

第 2 章

交互设计的基本原则

2.1 尼尔森十大可用性原则

雅各布·尼尔森（Jakob Nielsen，人机交互学博士）于 1994 年 4 月 24 日发表了《十大可用性原则》。该原则不仅适用于 Web 端，还适用于移动端。十大可用性原则对于交互设计来说意义重大，可提升整个产品的可用性。十大可用性原则包括状态可感知原则、贴近用户认知原则、操作可控性原则、一致性原则、防错性原则、识别好过回忆原则、灵活高效原则、美学和极简设计原则、容错性原则及人性化帮助原则。

2.1.1 状态可感知原则

状态可感知原则指的是展示系统的现行状态，让用户知道目前的操作状态是怎样的。

例如，在淘宝网的注册界面中，系统通过步骤条可以清晰地告知用户注册的整体流程和目前所处的流程状态，如下图所示。

又如，在微信聊天界面中，当用户用微信转发消息并发送成功时，系统会在界面底部显示 Snackbar 提示并告知用户消息转发成功，如下图所示。

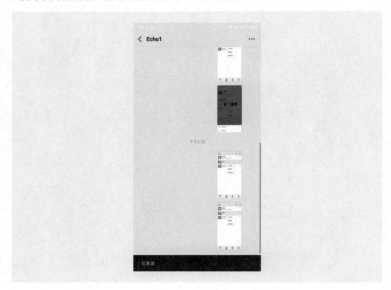

2.1.2　贴近用户认知原则

产品设计的一切表现和表述要尽可能地贴近用户环境。贴近用户认知原则指的是将现实环境的操作功能巧妙地转化为线上功能，使其贴近用户。这个原则要求设计师尽量使用用户能够理解的专业术语，同时在必须涉及专业化语言的情况下，要将其转化成用户熟悉的语言。

例如，iOS 6 之前版本的 iPhone 系统中的"移动滑块解锁"这个设计就非常贴合人们的日常生活认知，用户上手成本极低，如下图所示。

iPhone 解锁

又如，在简书 App 中，系统会用"文集"替代"文件夹"的功能。"文集"这个词很贴近用户的真实使用环境，相当于一系列文章的集合，生动又形象，如下图所示。

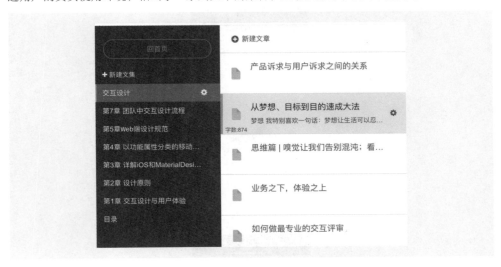

2.1.3　操作可控性原则

操作可控性原则指的是对于用户的误操作要提供二次确认或撤销的功能，以此来提高用户的操作可控性。

例如，对于微信聊天中的一些"毁灭性"的操作，系统大部分会提供二次确认提示，如此可以使用户避免因误操作而给自己带来损失，如下图所示。

又如，在Gmail邮箱中，当用户成功发送邮件后，可点击"撤销"命令撤回邮件，如下图所示。

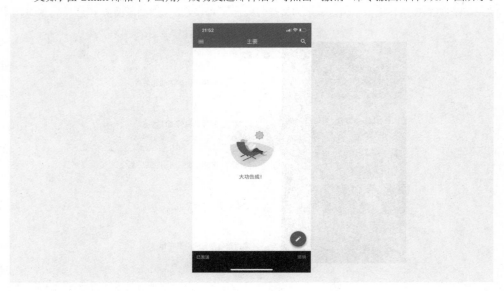

2.1.4　一致性原则

一致性原则指的是在交互设计中遵循统一的产品设计规范与逻辑。这个"一致性"包括同平台产品和跨平台产品之间的一致性。而产品间的一致性则主要指视觉和交互的一致性，如文字大小、文字颜色及组件样式的一致性等。

例如，在微信的卡片结构设计中，列表的提示文案都在卡片里面（这也遵循了 Material Design 设计规范），如下图所示。

2.1.5　防错性原则

防错性原则指的是针对用户容易进行误操作的地方提供防错机制，防止用户出错，并对用户已犯的错提供补救措施。

例如，在用户发送微信朋友圈消息的过程中，当用户还没有输入任何消息时，"发表"按钮置灰。在按钮置灰的情况下，用户点击"发表"按钮是无法发送消息的。这种置灰处理就属于一种典型的防错性设计，如下图所示。

又如，当用户在淘宝网上删除个人的购买订单时，淘宝网后台会通过二次弹窗给出防错提示，以避免用户错删，如下图所示。

2.1.6 识别好过回忆原则

识别好过回忆原则指的是在界面设计过程中，在适当的时机给予用户想要获取的信息，减少用户的记忆负担。

例如，用户在使用 Boss 直聘对人员信息进行二次筛选时，所有的筛选条件都会在这个时候展示出来，方便用户查看并筛选，如下图所示。

又如，用户在使用三星手机删除相册中的图片时，系统会通过对话框提示用户目前已选择并即将要删除的图片数量，方便用户查看并删除，如下图所示。

2.1.7　灵活高效原则

灵活高效原则指的是在界面中提供灵活的操作和高效获取信息的途径。

例如，macOS 原生邮箱客户端提供"过滤方式：未读"这个功能。用户使用该功能，即可筛选出所有未读的邮件，使用户的操作灵活又高效，如下图所示。

又如，当用户想要删除短信时，Android 系统会提供"批量删除"和"全选删除"的双重选择功能，从而使用户的操作灵活又高效，如下图所示。

2.1.8　美学和极简设计原则

美学和极简设计原则指的是在进行界面设计时保留产品最主要的信息，如果不是优先级最高的信息，要尽一切可能地对其进行弱化或简化处理，以此来达到保持产品简洁和美观的目的。

如下图所示，QQ好友动态和微信朋友圈的Feed流（指持续更新并呈现给用户内容的信息流）形成了比较明显的对比。相对于QQ好友动态来说，微信朋友圈更符合美学和极简设计原则。

2.1.9　容错性原则

容错性原则指的是若用户在使用产品的过程中出现了问题，系统需要及时、准确地告知用户出现问题的原因，让用户快速认识到问题所在，并顺利完成操作。

良好的容错设计利于增加产品的可用性并提供良好的用户体验。针对容错性原则的应用，设计师可以从以下3个方面来处理。

1.　合理使用反馈

在用户进行了某项操作之后，系统会给用户一个响应。根据场景的不同，这个响应会以不同的形式出现并产生不同的作用：① 若该操作极易导致用户犯错，可在操作区域下方进行一定的说明；② 在操作完毕后，为防止用户犯错，可以用弹窗或文字的形式进行二次提醒与说明。

例如，用户登录网易邮箱，在输入框中输入邮箱账号，之后让光标离开输入框，如果用户输入的账号格式错误，系统会提示用户账号格式错误，如下图所示。

2. 给予引导或说明

在用户操作前或操作后，系统应给予准确的引导和指示说明：① 提供详尽的说明文字或图标提示，如在搜索框内说明搜索的是什么内容；② 突出表现引导或提示，且在表达上做到简洁、易理解。

例如，在用户使用微博时，若系统因为网络异常导致用户的微博消息发送失败，会出现 Toast 提示告知用户发送失败，并且会出现 Tips 入口提示告知用户去草稿箱查看并重新发送微博消息，如下图所示。

3. 给出恢复方式或说明

当用户在界面中进行了一些"毁灭性"的操作时，系统应给出一些恢复方式或说明，具体表现在两个方面：① 允许用户犯错，并尽量使用户能够撤销以前的操作；② 用户犯错后，能帮助用户在发生错误后迅速回到正常状态。

例如，用户在使用 iOS 系统相册时，系统会提供"回收站"功能用于存放已经删除的照片，用户可以在"最近删除"列表中还原已删除的照片，如下图所示。

2.1.10　人性化帮助原则

人性化帮助原则指的是用户在界面操作过程中需要帮助的时候，系统应提供一些必要的帮助说明。

例如，在注册淘宝账号的过程中，若用户注册失败，系统会提供一个帮助入口，以提高用户的注册成功率，如下图所示。

2.2 高效性原则

所谓高效性原则，是指通过设计帮助用户稳定、快速、流畅且便捷地完成目标任务。

用户在使用产品的过程中，简单、高效的操作界面可以使用户快速完成目标任务，如此一来也可提高产品的用户留存率。高效性设计对产品来说至关重要，主要体现在优化性能、减少操作路径、减少页面跳转及支持批量操作这 4 个方面。

2.2.1 优化性能

在进行用户界面设计时，设计师应从程序的角度出发，保持合理的前后台逻辑，优化整个产品页面的流畅度和稳定性，让用户操作更加高效。

例如，当用户查看邮件列表时，系统可在后台加载每条邮件的详细内容。这样用户进入列表对应的详情页的速度就会变得很快，无须等待加载。当用户进入的详情页还没有加载完成时，则优先加载被查看的详情页，而其他详情页暂停加载，如下图所示。

2.2.2　减少操作路径

在用户界面中，设计师通过减少用户操作路径，用尽可能少的步骤满足用户的操作需求，可以让用户的操作更加高效。

例如，用户在使用 iOS 原生邮箱时，可以通过右上角的上下箭头快速查看上一封邮件和下一封邮件，而不需要回到列表后再点击查看，如下图所示。

2.2.3　减少页面跳转

在用户界面中，更少的页面跳转能增加页面的连贯性，减少用户的记忆负担，让用户的操作更加高效。

例如，用户在使用支付宝 App 时，如果想要选择银行卡，则需要进入下一级页面进行选择。而当用户在使用微信提现功能时，系统会直接在提现页面中展示一个选择银行卡的浮层，这样可以减少页面跳转，使操作更加简单、高效，如右图所示。

2.2.4　支持批量操作

批量操作是一种比较直接的提升用户操作效率的方法。在用户界面中，该功能减少了用户重复操作的麻烦，有效地提高了用户的操作效率。

例如，用户在使用 QQ 邮箱 App 时，如果想要对多封邮件进行标记或移动，就可以先进行批量选择，再进行对应操作，如下图所示。

---- 提示 --

使用批量操作这个功能也是要分场景的，如有些需要谨慎操作的场景就不适合使用批量操作功能。

2.3　及时反馈性原则

及时反馈性原则指的是在用户进行了某项操作之后，系统要给用户一个响应。根据场景的不同这个响应会有不同的形式，并能产生不同的作用。

在人机交互的过程中，用户希望在界面中的每一步操作都能清晰、及时地显示。一方面，PC 端和移动端产品需要保证有积极、及时的反馈响应，以确保用户能够清晰地知道自己的操作状态，否则会让用户觉得产品反应迟钝；另一方面，也要避免过度的信息反馈，尤其注意不要反馈错误的信息，错误的信息对用户造成的影响是巨大的。

产品的反馈直观地表现为界面的变化（少数为声音和震动），这种变化使得用户能够更加友好、高效地与产品进行交互，并且能更加专心地投入到任务的流程操作当中去。

反馈的设计需要满足以下 4 个方面。

（1）反馈应通过直观的体现帮助用户理解交互的规则，尽可能地降低用户的学习成本。

（2）别让反馈给用户造成压力，以最少的反馈传达同样的信息。

（3）反馈应该由需求驱动，然后在恰当的场景和时间内让用户知道自己需要知道的事情。

（4）反馈的速度要尽可能地快，反馈过慢会让用户感觉产品的性能差。

从用户的角度来看，反馈设计的目的主要是告知用户以下 7 点信息。

（1）发生了什么。

（2）用户刚刚做了什么事。

（3）哪些过程已经开始了。

（4）哪些过程已经结束了。

（5）哪些过程正在进行中。

（6）用户不能做什么。

（7）用户刚刚操作的结果是什么。

在设计过程中，涉及反馈的情况一般分为 5 种类型，包括结果反馈、状态反馈、过渡反馈、操作反馈，以及声音和震动反馈。

2.3.1 结果反馈

结果反馈指告知用户操作的结果（如操作成功或操作失败等），是一种确认性反馈。

在用户界面中，结果反馈的方式一般分为两种：一种是以 Toast 的形式给用户反馈，另一种是以浮层动画的形式给用户反馈。

例如，当用户在使用微信转发他人信息时，系统会以 Toast 的形式提示用户信息已经发送成功，如下图所示。

又如，在用户使用微信发送语音信息的过程中，界面中会出现浮层动画提示用户的语音信息输入是有效的，如下图所示。

2.3.2 状态反馈

状态反馈指的是当用户在界面上进行操作后，操作前界面的状态和操作后的状态会不一致。通过状态的不一致，用户可以明确地知道当前的操作已经生效。

例如，用户在使用新浪微博国际版浏览新消息时，当看到自己比较喜欢或有效的信息并点赞之后，点赞图标会从原来的灰色描边样式变为红色描边和有颜色填充的样式，如下图所示。

又如，用户在使用 iOS 原生邮箱查看邮件时，若删除某个邮件，该邮件会在列表中消失。邮件在列表中消失时，用户可以明显感受到界面状态的变化，如下图所示。

2.3.3　过渡反馈

在日常使用产品时，用户经常会遇到程序加载缓慢或延迟的情况。这时候系统可以通过过渡组件给用户反馈，而系统的这一行为被称为过渡反馈。

过渡反馈的目的在于通过向用户反馈当前的响应进度和合理的时间消耗，让用户在等待的过程中放松下来。其反馈形式分为两种：一种是用进度指示器向用户反馈进度，另一种是用系统或自定义的循环动画向用户反馈进度。

例如，用户在使用 Chrome 浏览器搜索信息时，系统会给出加载的进程反馈，如下图所示。

又如，当用户在使用微博问答的过程中点击"立即支付"按钮时，会出现一个过渡动画效果，如下图所示。

再如，用户在使用 YouTube App 搜索消息的过程中，在加载状态下页面中会出现过渡的圆形动画效果，如下图所示。

2.3.4 操作反馈

操作反馈指的是当用户进行某一步操作时，系统会提供相应的组件对这一操作进行反馈。这一组件还会对用户的下一步操作起到一定的指引作用。操作反馈的形式通常包括浮层弹框、调出键盘和进入下一个页面等。

例如，用户在使用 iOS 原生邮箱回复或转发邮件时，点击"回复 / 转发"按钮，会出现一个底部浮层弹框，如下图所示。

2.3.5 声音和震动反馈

声音和震动反馈指的是在界面中对用户的操作给予声音和震动的引导，能给用户一种很强的心理暗示。

例如，用户在使用 QQ 邮箱 App 发送邮件时，在邮件发送的过程中和邮件发送成功后，系统都会发出声音提示。

2.4 易学性原则

易学性是指让用户能相对轻松、快速且熟练地使用产品。设计师应保持界面架构简单、明了且设计清晰易理解，让操作简单可见，通过界面元素的表意和界面提供的线索，方便用户掌握其操作方式。易于学习的界面，有助于缩小新用户和老用户之间的差距，让新用户快速上手，并减少用户的认知成本，从而提升产品的用户体验。

易学性可以从 4 个方面来提升，包括加强视觉引导、明确场景指示、遵循用户已有的习惯及合理运用动画与视觉效果。

2.4.1 加强视觉引导

在交互设计中，加强视觉引导指的是使用一组有序的图片介绍应用功能，使该应用的主要功能一目了然；或采用图层蒙版、少许箭头和少许注释等形式为用户指出关键点。

例如，用户在使用雪球和蚂蚁财富 App 时，系统会把一些功能提示给用户，方便用户上手使用，减少用户的认知负担与学习成本，如下图所示。

2.4.2 明确场景指示

明确场景指示指的是在相应的场景下给予用户一定的指示，让用户更清晰地知道下一步操作的方向，同时也能提高界面的易学性。

例如，用户在使用简书 App 时，系统会在搜索框中增加描述性的占位文字，以告知用户符合系统要求的检索词类型，如右图所示。这种简单的提示能够提高用户所输入检索词的准确度，从而提升检索成功的概率。

2.4.3 遵循用户已有的习惯

用户习惯是指用户长期适应和积累的习惯，很难改变。因此遵循用户已有的习惯进行交互设计可以提高产品的易学性，方便用户理解和操作。

例如，微信有着十亿日活跃用户，它的 iOS 和 Android 端的设计都比较符合原生系统的规范，所以设计师在设计产品的过程中可以多参考微信这样的主流产品的设计。

2.4.4 合理运用动画与视觉效果

合理运用动画与视觉效果提示用户界面中隐藏的内容和可交互的元素，也可以提高产品的易学性。

用户在使用网易云音乐 App 时，界面右上角的动画效果很好地展示了当前音乐正在播放的状态，且暗示了该动画是可点击的，如下图所示。试想，如果没有这个动画效果，这些状态的表现还会这么直观吗。

2.5　易读性原则

　　易读性是指用户在进行界面操作时能够很好地对界面信息进行浏览和理解。较好的易读性有助于用户更好地理解内容并与之交互，并且不会分散用户对内容本身的注意力，同时让用户在使用过程中感到愉悦。

　　设计师可以从 4 个方面来增强设计的易读性，包括通过布局区分信息层级、保持适当的留白、简化元素和运用三大定律。

2.5.1　通过布局区分信息层级

　　通过布局区分信息层级指的是利用空间感、卡片、列表、颜色、字体及设计定律等归纳并区分界面的信息层级。

　　例如，iOS 系统的设置页面将相近类型的功能聚合在一个卡片上，同时功能与功能之间用分隔线区分，并用不同颜色的图标区分各个功能，如下面左图所示；微信个人中心页面上的留白空间增加了页面的易读性，如下面右图所示。

2.5.2　保持适当的留白

　　在用户界面中，留白可以使重要的内容和功能更加醒目且易被人理解。同时，留白可以传达给人一种平静、安宁的心理感受，并且能使一个应用看起来更加专注和高效。

例如，iCloud 的"最近项目"和"浏览"页面中留白比较多，所呈现的信息较少，整体会给人更加舒适的感觉，如下图所示。

2.5.3 简化元素

在用户界面中，简化元素就是指减少对元素的修饰。

例如，"发表"功能在 Android 版微信界面中呈现为按钮样式，在 iOS 版中显示为文字按钮样式，如下图所示。因为 iOS 系统的设计规范推崇简洁风格，讲究以功能驱动设计，没有多余的修饰，所以 iOS 系统中的图标设计也会尽量简化元素。

2.5.4　运用三大定律

这里所谓的三大定律指的是菲茨定律、接近原则及剃刀法则。设计师在进行用户界面设计时如果能应用这三大定律，就可提高界面的易读性。

菲茨定律指从一个起始位置移动到一个最终目标所需的时间，由 D（到目标的距离）和 W（目标的大小）两个参数决定，数学公式表达为 T（时间）= $a + b \log2(D/W+1)$，而 a 和 b 是经验参数，会根据具体的设备等发生变化。该定律示意图如下。

接近原则指针对彼此接近的事物或元素，人们会倾向于认为它们是相关的一类事物。内容信息之间的距离越近，亲密性越强；而内容信息之间的距离越远，亲密性越差。

接近原则普遍适用于界面信息分组，设计师通过信息与信息之间的远近关系来区分信息组。这在引导用户的视觉流并方便用户阅读方面起到了非常重要的作用。而在处理过程中，常见的分组形式有通过距离进行分组、通过分割线进行分组及通过卡片进行分组等。

例如，在下图所示的"什么值得买"的推送设置页面中，相同类型的功能被放在一起，并通过卡片的形式进行聚合，让用户对信息分类有比较明确的认识。

剃刀法则讲究"如无必要，勿增实体"，即如果有两个功能相似的设计，那么选择相对简单的一个，给用户尽可能少的选择。

第 3 章

iOS与Material Design
设计规范详解

3.1 iOS 系统组件的设计规范

一说到组件，大部分初级设计师和中级设计师的脑海里只会蹦出弹窗、Toast 及操作列表等具体的概念，没有一套属于自己的组件分类体系，这样对于视觉设计、交互设计或产品设计的系统学习来说都是不利的。

iOS 官方设计指南在介绍组件时是按照组件的属性来分类的。组件的中文翻译名称可能会有很多种，并没有一个权威、准确的中文命名。设计师在设计前只需要清楚每个组件名对应的组件是什么就可以了。

由于 iOS 和 Material Design 的组件体系有些不一样，因此关于组件的分类体系笔者会按照 iOS 和 Android 这两大系统进行拆分与讲解，而本节讲解的是 iOS 系统的组件体系。

对组件可以按照两种维度来进行划分：一种是按组件的属性来分（本节会着重讲解），另一种是按组件的功能类别来分。

iOS 系统组件的分类如下图所示。

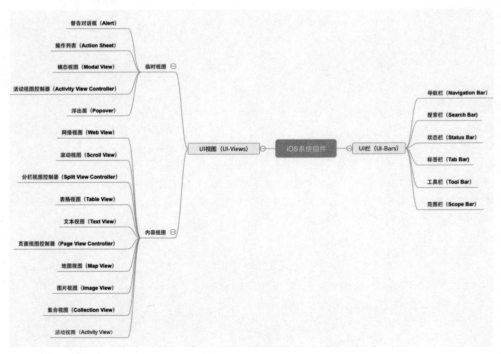

3.1.1 UI栏（UI-Bars）

UI栏包含的组件有导航栏、搜索栏、状态栏、标签栏、工具栏及范围栏。

1. 导航栏

导航栏能够实现在不同信息层级结构间的导航，有时也可用于管理当前屏幕内容，如下图所示。其中，Parent Title 为上一级的标题，Title 为当前视图的标题，Edit 为操作控件。

使用规则：一般来说，导航栏上的元素不外乎 3 种，即当前视图的标题、返回按钮和针对当前操作的控件。

2. 搜索栏

搜索栏可获取用户输入的文本，并将其作为搜索的关键字（下图中显示的文本为占位符，而非用户输入文本），如图 a 和图 b 所示。

图 a   图 b

使用规则：搜索栏包含的元素有占位符文本和"清除"按钮。占位符文本通常会写明控件的功能（如图 a 中所显示的"Search"字样），或者提示用户输入的文本将在哪里搜索。大多数搜索栏都会提供"清除"按钮（如图 b 中右侧所示的按钮），方便用户一键清空输入内容。

3. 状态栏

状态栏展示了关于设备及其周围环境的重要信息，如下图所示。

默认内容（深色）   浅色

使用规则：① 通常为透明样式；② 始终固定在整个屏幕的顶部。

4. 标签栏

标签栏方便用户在不同的子任务、视图和模式中进行切换，如下图所示。

使用规则：① 始终出现在屏幕的底部；② 一个标签栏最多可承载 5 个标签，多于 5 个标签时展示前 4 个标签，并将其他的标签以列表形式收纳到"更多"标签里面；③ 无论是在横屏还是竖屏情况下，标签的高度均保持一致；④ 标签栏位于屏幕底部，并应保证在应用内任何位置都可用；⑤ 在标签栏中展示的图标和文字内容都应保持等宽状态；⑥ 当用户选中某个标签时，该标签会呈现为高亮状态。

---- 提示 --
一般来说，使用标签栏的目的是组织整个应用层面的信息结构。标签栏非常适合用于应用的主界面，因为它可以很好地将信息层级扁平化地组织起来，同时提供多个触达同级信息类目与模式的入口。

5. 工具栏

工具栏用于放置操作当前屏幕中各对象的控件，如下图所示。

使用规则：在 iPhone 系统界面中，工具栏始终位于屏幕底部。而在 iPad 系统界面中，工具栏则有可能出现在屏幕顶部。

6. 范围栏

范围栏只与搜索栏一起出现，主要方便用户定义搜索结果的范围，如下图所示。

使用规则：① 当界面中出现搜索栏时，范围栏会出现在搜索栏的附近，且范围栏的外观与所指定的搜索栏的外观兼容；② 当用户想在明确的分类范围内进行信息搜索时，使用范围栏虽然非常高效，但是还有一个更好的选择，那便是优化搜索结果，如此可以让用户不需要使用范围栏对搜索结果进行筛选就能找到他们所需要的内容。

3.1.2 UI视图（UI-Views）

UI视图分为临时视图和内容视图。

1. 临时视图

临时视图包含的组件有警告对话框、操作列表、模态视图、活动视图控制器及浮出层。

（1）警告对话框

警告对话框是传达应用或设备处于某种状态的组件，如下图所示。

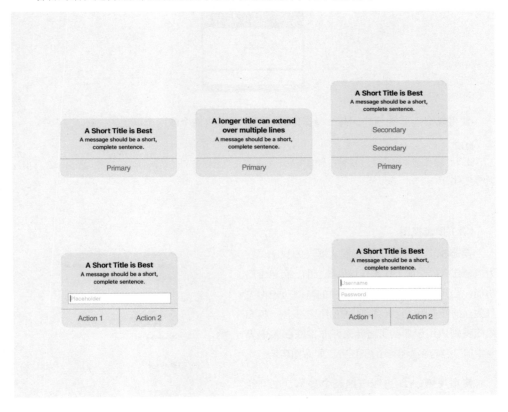

　　使用规则：① 警告对话框的基本规则为标题必选、描述信息可选、输入框可选、按钮必选（可包含一个或多个按钮）；② 警告对话框的样式通常都是圆角白框样式，且带磨砂效果，不可更改。

（2）操作列表

操作列表是当用户进行某项操作时出现的浮层，其显示的内容为与用户触发的操作直接相关的一系列操作选项。操作列表方便用户在开始一个新任务或进行破坏性操作（如删除、退出登录等）时进行二次确认。使用操作列表开始一个新任务这种操作在 iOS 原生的邮箱中应用得比较多，如下图所示。

使用规则：① 由用户的某个操作行为触发；② 包含两个或两个以上的按钮。

---- **提示** ---

此外，操作列表提供了一系列在当前情景下可以完成当前任务的操作，而这样的形式不会永久占用页面的空间。

（3）模态视图

模态视图是一个以模态形式展现的视图，它为当前任务或当前工作流程提供独立的、自包含的功能。当用户需要完成与 App 中的基础功能相关且独立的任务时，设计师可以使用模态视图。模态视图特别适用于那些所需元素并非常驻在 App 界面中但又包含多个步骤的子任务，如右图所示。

使用规则：① 可能占据整个屏幕，也可能占据整个父视图（Parent View）的区域，或者是屏幕的一部分；② 包含完成当前任务所需的文字和控件；③ 包含一个"完成任务"的按钮（点击后即可完成任务，同时当前模态视图消失）和一个"取消"按钮（点击后即放弃当前任务，同时当前模态视图消失）。

（4）活动视图控制器

活动视图控制器是一个临时视图，其中罗列了一系列可以针对页面特定内容的系统服务和定制服务，如下图所示。

使用规则：① 由用户的某项操作行为触发；② 主要用于当前界面或图片信息的分享。

（5）浮出层

浮出层是当用户点击某个控件或页面中的某一区域时浮出的、半透明的临时视图组件，如右图所示。

使用规则：① 浮出层是一个自包含的模态视图；② 在横屏状态下，浮出层会包含一个箭头，并指向其出处；③ 背景是半透明的，并且会模糊其背后的内容（遮罩背景）；④ 可以包含多种对象和视图，如表格、图片、地图、文本、网页、自定义视图、导航栏、工具栏及标签栏等；⑤ 可以操作当前App视图中的各种控件或对象。

---- **提示** ----------------------------

在默认情况下，浮出层中的表格视图、导航栏和工具栏的背景都是透明的，这样可以让浮出层的毛玻璃效果展示得更清晰。

2. 内容视图

内容视图是展示内容信息的部分视图，而非临时出现的视图。内容视图包含的组件有网络视图、滚动视图、分栏视图控制器、表格视图、文本视图、页面视图控制器、地图视图、图片视图、集合视图及活动视图。

（1）网络视图

网络视图能直接在 App 中加载和呈现丰富的网络内容，如下图所示。

使用规则：① 用于展示网络内容；② 可自动处理页面中的内容。

（2）滚动视图

滚动视图方便用户浏览尺寸超过视图边界的内容，如下图所示。

　　使用规则：① 没有预定义的外观；② 在其刚出现或当用户对其进行操作的时候会出现滑条；③ 当用户在视图中拖曳内容时，内容会随之滚动；④ 当用户轻扫屏幕时，内容将快速滚动，一直到用户再次触摸屏幕或内容已经到达底部时才停止；⑤ 使用滚动视图可以允许用户在固定的空间内浏览大尺寸或大量的内容；⑥ 适当地支持缩放操作，如果放大和缩小操作对于当前内容有效的话，可以支持用户通过"捏"这个手势或双击来对当前视图进行缩放，若是支持缩放操作的话，设计师还应当根据用户当前的任务设定在当前情景下允许缩放的最大值和最小值；⑦ 分页模式滚动视图中，可以考虑使用页面控件；⑧ 当设计师想要展示分页、分屏或者分块的内容时，可以使用页面控件让用户知道当前内容一共有多少部分，以及当前浏览的是哪个部分的内容。

（3）分栏视图控制器

　　分栏视图控制器是一个用于管理两个相邻视图控制器显示的、全屏视图的控制器，如下图所示。

　　使用规则：① 可以在横屏状态下并排展示两个窗格；② 可以让主窗格在详情窗格上方显示，也可以在不需要的时候（尤其是在竖屏的状态下）隐藏主窗格。

---- **提示** --
　　在iOS 7及之前的版本中，分栏视图控制器仅适用于iPad。

（4）表格视图

表格视图以一种可滚动的单列多行的形式来展示数据，主要有两种类型：一种是平铺型表格视图，另一种是分组型表格视图，如下图所示。

平铺型表格视图　　　　　　　　分组型表格视图

使用规则：① 以可以进行分段或分组的单列形式展示数据；② 用户可以通过点击并选中某行，或者通过控件来执行添加、移除、多选、查看详情或展开另一个表格视图等操作。

（5）文本视图

文本视图可以接收和展示多行文本，如下图所示。

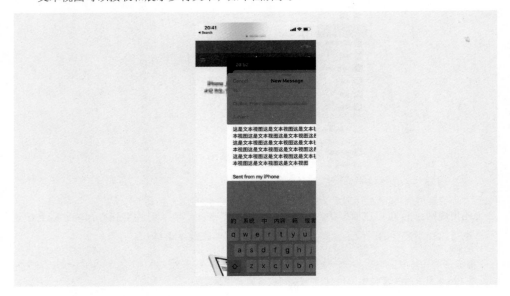

使用规则：① 它是一个可定义为任意高度的矩形；② 当内容太多且超出视图的边框时，文本视图支持滚动操作；③ 支持自定义字体、颜色和对齐方式（在默认状态下，文本视图会以左对齐的黑色系统字体显示）；④ 可支持用户编辑，当用户轻击文本视图内部时，将调出键盘（键盘的布局和类型取决于用户的系统设置）。

（6）页面视图控制器

页面视图控制器可以通过滚动或翻页两种方式处理长度超过一页的内容，如下图所示。

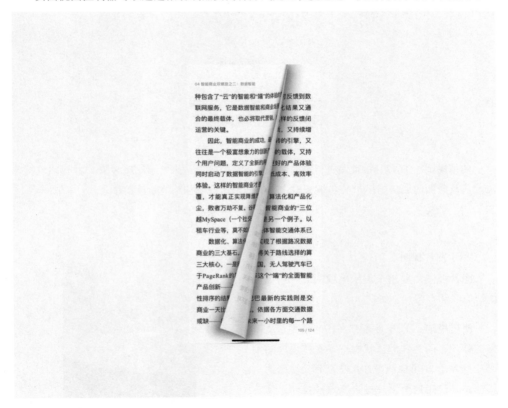

使用规则：① 带滚动条的页面视图控制器没有默认的外观；② 带翻页效果的页面视图控制器可以在两页中间增加书页翻起的效果；③ 可以根据指定的转场来模拟出页面切换时的动画效果。

---- **提示** --
使用带滚动条的页面视图控制器时，当前页面将滚动到下一页。而在使用翻页效果的页面视图控制器时，页面上会出现一个模拟实体书或笔记本翻页的动画效果。

（7）地图视图

地图视图主要用于呈现地理数据，同时支持系统内置地图应用的大部分功能。地图视图可以给用户提供一个地理区域视图，且一般会允许用户在视图中进行交互行为，如下图所示。

使用规则：① 以标准地图、卫星图像或两者结合的形式来展示地理区域；② 可以支持单点标注及叠加图层功能；③ 支持编程时定义的或由用户所控制的缩放和移动。

（8）图片视图

图片视图主要用于展示单独的或一系列的静态及动态图片，如右图所示。

使用规则：① 组件不存在任何预先定义好的外观，同时在默认状态下不支持用户的交互行为；② 可检测图片本身及其父视图的属性，并决定这个图片是否应该被拉伸、缩放及调整到适合屏幕的大小，或者固定在一个特定的位置。

（9）集合视图

集合视图用于管理一系列有序的项，并以一种自定义的布局来呈现这些项，而且支持开发者额外定义手势来识别并执行自定义操作，如下图所示。

使用规则： ① 可以从视觉上区分项的子集或提供装饰性项目，如自定义背景；② 布局切换时支持自定义转场动画；③ 在默认状态下，当用户导入、移动或删除项的时候，会出现系统默认的动画效果，同时集合视图可识别轻击、选中操作。

（10）活动视图

活动视图可以展示系统提供的或自定义的服务，如下图所示。

使用规则： ① 各类活动可通过访问活动视图控制器来作用于某些特定的内容；② 活动是一种可定制对象，代表着某项可以让用户在 App 中执行操作的服务，以图标的形式呈现，外观与按钮图标相似。

3.2 Material Design 组件的设计规范

与 iOS 系统组件一样，Material Design 组件的设计指南也是按照组件的属性来介绍的。Material Design 系统组件包括菜单、底部动作条、进度和动态、按钮、滑块、卡片、Snackbars 与 Toasts、纸片、副标题、警告框、开关、分隔线、Tabs、网格、文本框、列表、工具提示及列表控制。

---- 提示 --
Control 翻译为中文叫控件，Component 翻译为中文叫组件。通俗地讲，组件为多个元素组合而成，控件为单一元素构成。但是在 Material Design 组件规范中，系统把我们所认为的组件和控件合为一体，统称为组件。

Material Design 系统组件的内容如下图所示。

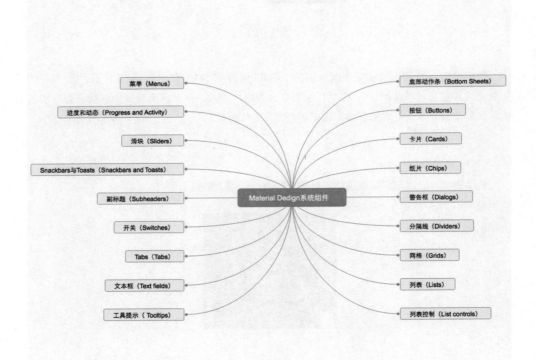

3.2.1　菜单

菜单在界面中是临时显示的一个版块，由按钮、动作、点，以及两个或两个以上的菜单项组成，如下图所示。

使用规则：① 每一个菜单项都是一个离散的选项或动作，并且能够影响应用、视图或视图中选中的项；② 触发按钮或控件的标签可以简明、准确地反映出菜单中包含的菜单项；③ 通过点击菜单以外的部分或选中一个菜单项，可以让菜单消失；④ 当菜单允许多选时，可使用复选标记；⑤ 菜单栏通常使用一个词（如"文件""格式""编辑""视图"等）作为标签，其他内容的标签字数可稍微多一些；⑥ 菜单显示一组一致的菜单项，且每个菜单项都可以基于应用的当前状态来使用。

---- **提示** --

应该将动作菜单项显示为禁用状态，而不是移除它们，这样可以让用户知道在正常条件下它们是存在的。例如，当没有重做任务时禁用重做（Redo）动作。当内容被选中后，剪切（Cut）和复制（Copy）动作才可用，如下图所示。

3.2.2　底部动作条

底部动作条是一个从屏幕底部边缘向上滑出的面板，可以向用户呈现一组功能，如下图所示。

使用规则：① 提供 3 种或 3 种以上的操作供用户选择时，适用于不需要对操作有解释说明的情景；② 如果只有两种或更少的操作，或者需要详细描述时，可以考虑使用菜单或警告框替代底部动作条；③ 底部动作条可以是列表样式的，也可以是宫格样式的，一个可以滚动的宫格样式的底部动作条可以包含标准的分享操作；④ 在一个标准的列表样式的底部动作条中，每一种操作都应该有一句描述和一个左对齐的图标；⑤ 在必要的情况下，可以使用分隔符将这些操作进行逻辑分组，也可以为分组添加标题或副标题；⑥ 在显示底部动作条的时候，动画应该从屏幕底部边缘向上展开（根据上一步的内容，底部动作条可以向用户展示上一步操作之后所能够继续操作的内容，并提供模态的选择。点击其他区域会使得底部动作条伴随着下滑的动画而关闭。如果底部动作条包含的操作超出了默认的显示区域，那么这个动作条窗口则需要被设计成可以滑动的样式）。

---- 提示 ---

由于底部动作条是一种模态形式的动作条，且一般以对话框的形式出现，因此在其出现后用户必须选择一项操作它才会消失，如警告框确认等。而非模态形式的对话框并不需要用户选择一项操作也会消失，如页面上弹出的 Toast 警告框等。

3.2.3　进度和动态

在刷新加载或提交内容时，一般需要一段过渡时间，而在这个过程中则需要一种进度和动态指示器的设计。进度和动态组件一般分为两种样式：一种是线形活动指示器，另一种是圆形活动指示器。在具体操作时，用户可以使用其中任何一项来指示确定性和不确定性的操作，两种指示器如下图所示。

　　使用规则：① 尽可能地减少视觉上的变化，使应用加载过程令人愉悦；② 每次操作只能由一个活动指示器呈现，比如刷新操作，不能既用刷新条，又用动态圆圈来指示。

---- **提示** --

　　在使用线形活动指示器时，线形进度条应该放置在页眉或某块区域的边缘。同时，线形活动指示器的进度应从低到高显示，绝不能由高到低反着来显示。如果一个队列里有多个正在进行的操作，使用一个活动指示器来指示整体所需要等待的时间即可。此外，对于在操作中不确定完成的部分，需要用户等待一定的时间，这时无须告知用户后台的情况及所需时间，可以使用不确定性指示器。

3.2.4　按钮

　　按钮用于提示用户按下按钮后将进行的操作，主要由文字和图标组成。在这里，我们可以把按钮理解为一个操作的触发器。在日常设计中，常见的按钮有悬浮响应按钮、浮动按钮及扁平按钮这 3 种形式，如下图所示。

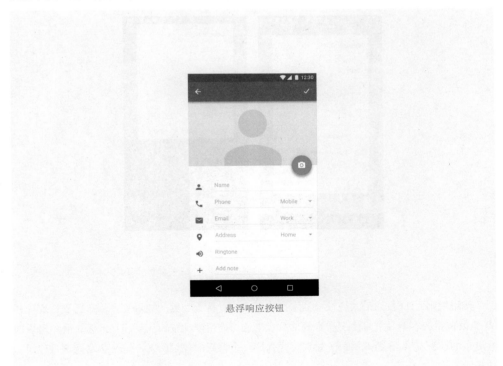

悬浮响应按钮

浮动按钮

扁平按钮

　　使用规则：① 按钮形式应该根据主按钮形式、屏幕上容器的数量及整体布局进行选择；② 根据按钮的容器及屏幕上层次堆叠的数量来选择使用浮动按钮还是扁平按钮，避免出现层叠过多的情况；③ 非特殊情况（如在需要强调一个浮起的效果时），一个容器应该只使用一种按钮。

3.2.5　滑块

滑块组件可方便用户通过在连续或间断的区间内滑动锚点来选择一个合适的数值。滑块组件包括连续滑块、带有可编辑数值的滑块及附带数值标签的滑块，如右图所示。

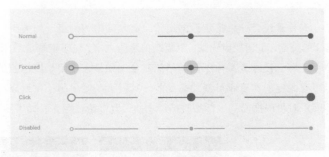

连续滑块

使用规则：① 区间最小值放在左边，区间最大值放在右边；② 可以在滑动条的左右两端设定图标来反映数值的强度，在设置如音量、亮度及色彩饱和度等需要反映强度等级的选项时，滑块的这种交互特性使其成为一种极好的选择。

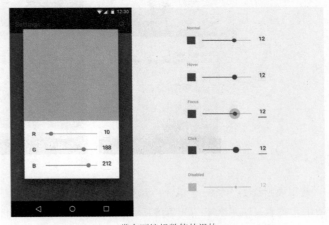

带有可编辑数值的滑块

···· 提示 ·····················
间续滑块可匹配到滑动条上平均分布的间续标记上，在具体使用中应当对每个间续标记设定一定的等级区间并进行分隔，使其调整效果对于用户来说更明显。同时，这些区间的值应当是预先设定好的，用户不可对其进行编辑。

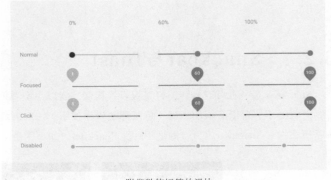

附带数值标签的滑块

3.2.6　卡片

卡片是包含一组特定数据集（含有各种相关信息，如关于单一主题的照片、文本和链接等）的页面，是通往更详细、更复杂信息的入口，可以便捷地显示由不同种类对象组成的内容，适用于展示尺寸或操作不同的相似对象（如带有不同长度标题的照片等）。同时，卡片通常是带有固定的宽度和可变的高度的，其最大高度限制于可适应平台上单一视图的内容，在具体使用时可根据需要进行临时扩展（如设置评论栏等），如下图所示。

使用规则：① 作为一个集合，由多种数据类型组成，包括图像、视频、文本等；② 包含可变长度内容，如评论等；③ 由可互动的操作组成，如"+1"按钮、滑块及评论等；④ 在需要显示超过 3 行文本的情况下使用列表；⑤ 在需要显示更多文本来补充图像的情况下使用网格列表。

3.2.7　Snackbar与Toast

Snackbar 是一种针对操作的轻量级反馈机制，常以小型弹框的形式出现在手机屏幕的下方，并且处于屏幕所有层的顶部（包括浮动操作按钮）。Snackbar 在具体使用时分两种：一种是短文本式 Snackbar，另一种是暂时性 Snackbar，如下图所示。

短文本式 Snackbar　　　　暂时性 Snackbar

Toast 与 Snackbar 的使用方式非常相似，但是 Toast 并不包含操作，也不能从屏幕上滑动关闭，并且文本内容通常为左对齐样式。目前，Android 系统也提供了一种主要用于提示系统消息的、胶囊状的 Toast，如下图所示。

使用规则：① Snackbar 与 Toast 都会在超时或用户触摸屏幕其他地方之后自动消失；② Snackbar 可以在屏幕上滑动关闭，当界面中出现 Snackbar 时，不会阻碍用户在屏幕上进行输入，并且也不支持输入；③ 在同一时间，屏幕上最多只能显示一个 Snackbar。

---- 提示 ----
当有两项或两项以上的操作出现时，即使其中的一项是"取消"操作，也应该使用警告框而不是 Snackbar。如果 Snackbar 中提示的操作重要到需要打断屏幕上正在进行的操作，那么也应当使用警告框而非 Snackbar。

3.2.8 纸片

纸片是一种小块的且用来呈现复杂实体的视图组件，如日历的事件或联系人等。它可以包含一张图片、一个短字符串（也可能是被截取的字符串）及其他的一些与实体对象有关的简洁信息。同时，纸片支持拖曳操作，使用起来非常方便。此外，按压动作可以触发悬浮卡片（或全屏视图）中的纸片对应实体的视图，或者是弹出与纸片实体相关的操作菜单，如右下图所示。

使用规则：① 用于呈现联系人的信息，帮助用户高效地选择收件人；② 当用户在输入框（"收件人"一栏）中输入一个联系人的名字时，联系人纸片视图就会被触发，而且联系人的纸片会被直接添加到"收件人"一栏中。

3.2.9　副标题

　　副标题是一个特殊的列表区块，它可以描绘出一个列表或者网格的不同部分，通常与当前的筛选条件或排序条件相关，如下图所示。

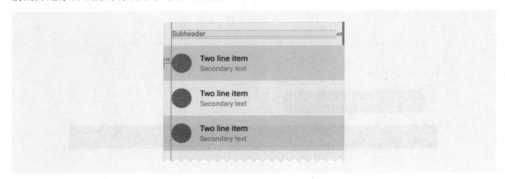

　　使用规则：① 副标题可以关联展示在区块中，也可以关联到内容中（如关联在相邻的分组列表中）；② 在信息滚动的过程中，副标题一直固定在页面的顶部，除非页面被切换或被其他副标题所替换；③ 为了增强分组内容的视觉效果，可以用系统颜色来显示副标题。

3.2.10　警告框

　　警告框用于提示用户做一些决定，或者在用户完成某项任务后为用户提供一些额外需要的信息。警告框可以采取"取消 / 确定"的简单应答模式，也可以是自定义布局的复杂模式，如一些文本设置或是文本输入等，如下图所示。

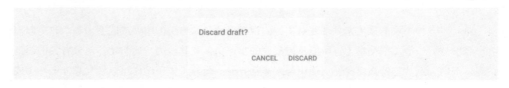

　　使用规则：① 用于提示用户去做一些被安排好的决定（这些决定可能是当前任务的一部分或是前置条件），或者是用于告知用户具体的问题，起到二次确认的效果，又或者是用于解释接下来的动作的重要性及动作可能产生的结果，起到警示作用；② 警告框的标题主要是用于简单描述选择类型，是可选的；③ 警告框正文主要描述要做出一个什么样的决定；④ 警告框所触发的事件需要用户通过确认一项具体操作来继续下一步活动；⑤ 点击警告框的按钮或外面的区域可以关闭警告框。

3.2.11　开关

开关是满足用户选择的组件，包含 3 种形式，即复选框式、单选按钮式和 ON/OFF 式，如下图所示。

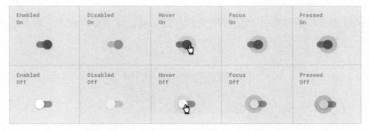

复选框式开关

单选按钮式开关

ON/OFF 式开关

　　使用规则：① 复选框允许用户从一组选项中选择多个；② 复选框通过动画来表达聚焦和按下的状态；③ 如果在一个列表中需要出现多个 ON/OFF 选项，复选框是一种节省空间的好方式；④ 单选按钮只允许用户从一组选项中选择一个；⑤ 单选按钮通过动画来表达聚焦和按下的状态；⑥ 如果只有一个 ON/OFF 选项，不要使用复选框，而应该替换成 ON/OFF 式开关。

3.2.12　分隔线

　　分隔线主要用于管理和分隔列表及页面布局的内容，以便产生更好的视觉效果。分隔线包括等屏宽分隔线、内凹分隔线及子标题分隔线这 3 种类型，如下图所示。

等屏宽分隔线　　　　　　　内凹分隔线　　　　　　　子标题分隔线

　　使用规则：① 等屏宽分隔线用于分隔不同的内容区块；② 内凹分隔线用于分隔相关的内容。

3.2.13　Tabs

　　在一个 App 中，Tabs 用于不同的视图内容间的切换，且主要用来显示有关联的分组内容，如下图所示。

　　使用规则：① Tabs 应该显示在一行内；② 一组 Tabs 至少包含 2 个 Tab 且不多于 6 个 Tab；③ Tabs 控制的显示内容的定位要一致，且为并列关系；④ Tabs 中的当前可见内容要高亮显示；⑤ 对 Tabs 应该进行合理的归类，并且每组 Tabs 中的内容顺序要相连。

3.2.14　网格

网格是一种标准列表视图的可选组件，如右图所示。

使用规则： ① 适用于同类数据，可增强相似类型数据的可视化程度；② 当区块中的主要内容需要与其他文本有较明显的区别时，可以考虑使用列表或卡片；③ 针对一组带有比较性的数据展示（如包含图片、视频和图书的混合式数据集），不同样式的区块可以将同类数据集合化。

3.2.15　文本框

文本框是允许用户输入文本的组件。它可以为单行样式，也可以为多行样式；可以是带滚动条的，也可以是不带滚动条的，如下图所示。

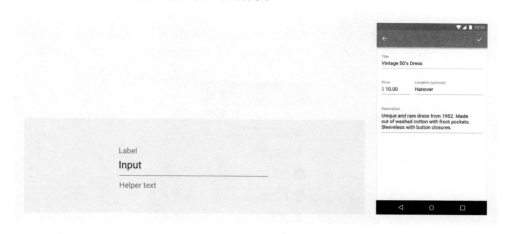

使用规则： ① 点击文本框后显示光标，并自动调出键盘；② 除了直接输入，文本框还可以有不同的输入类型，如文本选择（剪切、复制和粘贴）及数据的自动查找等；③ 有的界面可能会提示虚拟键盘并调整其布局来显示最常用的字符（包括数字、文本、电子邮件地址、电话号码、个人姓名、用户名、统一资源定位符、街道地址、信用卡号码、PIN 码及搜索查询等）。

3.2.16　列表

列表作为一种单一的连续元素，一般以垂直排列的方式显示多行条目，如下图所示。

　　使用规则：① 适用于显示同类的数据类型或数据类型组，目标是区分多个类型的数据或单一类型的数据特性，使用户理解起来更容易；② 在用户进行滚动操作时，列表只支持垂直滚动，同时每个列表的滑动动作应当是一致的；③ 列表可以通过数据、文件的大小、字母顺序或其他参数来编程并改变其顺序，或者实现过滤；④ 如果有超过 3 行的文本需要在列表中显示，则换用卡片来显示；⑤ 如果内容的主要区别来源于图片，则换用网格列表来显示。

3.2.17　工具提示

　　工具提示是一个文本标签组件，它会在用户悬停、聚焦或触摸一个元素时显示。工具提示会在元素被激活时对元素进行说明，可能会包含关于元素功能的简要帮助文本，如下图所示。

　　使用规则：在带有交互性的图形元素中使用工具提示，而不要在文本元素中使用。

3.2.18　列表控制

列表控制是对列表进行操作与控制的组件。一般分为状态和主操作（包括文本字符串）、次要操作和信息这两种类型。列表控制的应用场景包括复选框、开关、重新排序、折叠/展开、滑动隐藏、查看更多及选中等，如下图所示。

使用规则：① 状态和主操作通常会放在标题列表的左边，列表里面的文本内容也被认为是主操作的操作目标之一；② 次要操作和信息通常放在标题的右边，次要操作也要与主操作分开并呈现为单独可点击的样式。

3.3 iOS 系统和 Android 系统在设计中的差异

　　有时候设计师容易忽略 Android 系统和 iOS 系统的差异，做出的设计要么是基于 iOS 系统规范的，要么是基于 Android 系统规范的。而无论是按照哪个系统的规范进行设计，对于另一系统的开发人员来说都会造成理解上的困难。在产品设计中，如果产品是基于某个系统设计的，那么则可以直接调用该系统的组件。在这时候，如果产品要换一个系统，开发人员则需要针对该系统重新改变组件样式，而无法直接从系统中调用组件，如此一来研发成本也会变得很高。基于此，设计师在做一款产品时，最好能提供两套设计稿：一套是适用于 iOS 系统的，另一套是适用于 Android 系统的。

　　本节以微信为例，通过 Android 版微信和 iOS 版微信的区别来分析 Android 和 iOS 这两大系统在设计中的差异。

3.3.1　消息提醒机制的差异

　　在 iOS 系统中，当用户首次进入微信时，微信会给出一系列"不允许 / 允许"样式的权限选择。如果用户选择"不允许"，那么用户如果想要开启相关的权限，就必须到 iOS 系统中进行开启设置才行。在 iOS 系统中，微信的"新消息通知"设置页面上的"新消息通知"和"语音和视频通话提醒"等开关是关闭、置灰且点击时无交互效果的。在操作时，用户如果选择"允许"，那么则可以在"新消息通知"页面中设置"关闭"或"打开"相应功能，如下图所示。

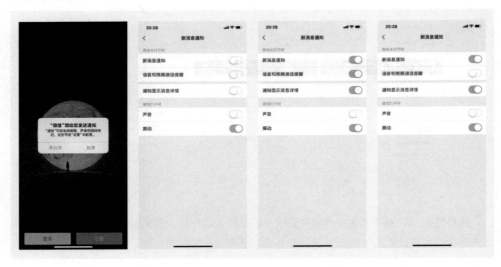

而在 Android 系统中，微信的"新消息提醒"设置页面就更简单了。用户只需要打开微信，并在"新消息提醒"设置页面中进行设置即可，如下图所示。

总而言之，iOS 系统对权限控制得比较严格，App 如果想要调用相册权限、相机、麦克风及位置等都需要用户进行手动设置。而 Android 系统相对来说比较开源化，Android 系统用户在安装了微信后，对于"新消息提醒"等权限只需要在微信设置页面中直接设置即可。

3.3.2　手势操作的差异

在 iOS 和 Android 这两大系统的使用中，所有涉及"更多"功能的操作，iOS 系统多为左右滑动手势操作，而 Android 系统多为长按手势操作，如下图所示。

随着 Android 和 iOS
这两大系统的不断迭代
与更新，到目前为止，
两者在某些设计上也趋
于相似。例如，iOS 版微
信的部分功能也为长按
手势操作，Android 版网
易邮箱的部分功能也是
支持左右滑动手势操作，
如右图所示。

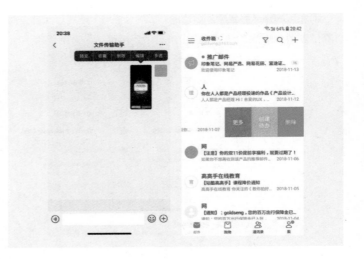

3.3.3 组件风格的差异

大部分 App 的组件设计都是在 iOS 系统和 Android 系统的组件基础上做改变。不过大部分改变的只是视觉风格，其框架结构是不会轻易改变的。

下面，笔者以警告框、更多操作及搜索栏这 3 个组件为例来具体讲述。

iOS 系统的警告框文字和按钮在界面中都呈现为居中对齐的样式，而 Android 系统的警告框文字呈左对齐样式，按钮呈现为右对齐样式，如下图所示。

iOS 系统的"更多操作"功能呈现为底部操作列表样式，而 Android 系统的"更多操作"功能呈现为菜单样式，如下图所示。

iOS 系统的搜索栏一般展示在导航栏的下方，而 Android 系统的搜索栏则展示在导航栏的右侧，如下图所示。

---- 提示 --

当然，根据业务需求和用户目标的不同，一些大型 App 在 iOS 系统中会把搜索栏放在状态栏的右侧，而在 Android 系统中则会把搜索栏放在导航栏的下方。

3.3.4　发送按钮的差异

iOS 版微信的"发送"按钮是内嵌在键盘上的，而 Android 版微信的"发送"按钮是放在工具栏上的，如下图所示。

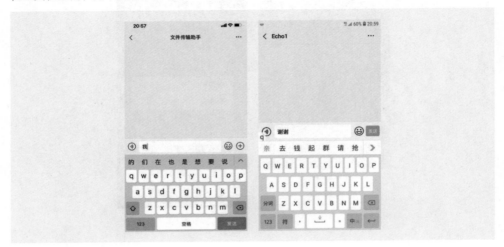

3.3.5　导航栏的差异

Android 系统的"返回"图标通常呈现为带横线条的左箭头样式，箭头后的标题为当前界面的标题。而 iOS 系统中的"返回"图标则呈现为不带横线条的左箭头样式，箭头后的标题为上一级界面的标题，导航栏中间的标题为当前页面的标题，如下图所示。

3.3.6　返回上一级页面组件的差异

除了前面所讲的页面左上角的"返回"箭头的使用，在 Android 系统中也可以点击虚拟返回键返回上一级页面。而在 iOS 系统中则可以从左边缘向右滑动返回上一级页面，如下图所示。当然，部分 Android 系统适用的 App 也支持从左边缘向右滑动返回上一级页面的手势操作。

---- **提示** --

如果想快速且详细地了解 iOS 系统和 Android 系统的组件之间的差异，可以在 Sketch 软件界面的 "New From Template" 中的 "iOS UI Design Material Design" 里进行查看。

3.4　iOS 和 Material Design 的元件库

制作元件库的价值体现在 3 个方面。

（1）统一产品的用户体验。涉及多个交互设计师和产品经理协同时，如果交互设计师和产品经理没有使用统一的元件，那么同一类型的产品就会出现不同的组件样式。这时，如果视觉设计师最终没有强行统一，那么设计稿就会出现相似但又存在一些区别的组件。

（2）提升工作效率。有了统一的 Axure 元件库，交互设计师和产品经理可以快速根据元件库搭建页面，提升从整体的产品设计到开发流程环节的工作效率，避免重复工作。

（3）提升设计综合能力。由于减少了做组件这样重复性的劳动，交互设计师和产品经理可以将更多的时间和精力放在讨论业务、设计方法、设计思维及定义产品等方面，从而驱动业务和产品的创新。

3.4.1　制作统一可复用的Axure元件库

统一可复用的 Axure 元件库在制作上其实很简单。启动 Axure，在"元件库"面板中单击"快捷菜单"图标，然后在下拉菜单中选择"创建元件库"命令，会弹出一个对话框，在对话框中选择元件库的保存路径，并设置元件库的格式为"rplib"，如下图所示。

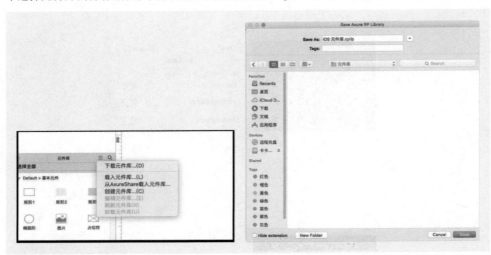

---- **提示** ----

用元件库创建页面的操作与用 Axure 创建页面的操作没什么区别。一般一个页面就是一个类型的元件，不要把所有元件都创建在一个页面中，如下图所示。

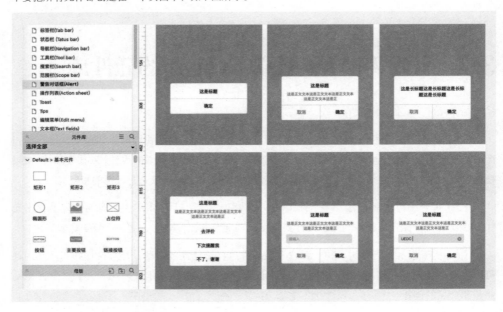

同时，在制作一套完整的 MD（Material Design，下同）元件库和 iOS 元件库之前需要熟知 MD 和 iOS 设计规范，然后根据规范来制作一套全面且通用的元件，之后再进行使用。下图所示为笔者制作的一套 Axure 元件库的部分内容。

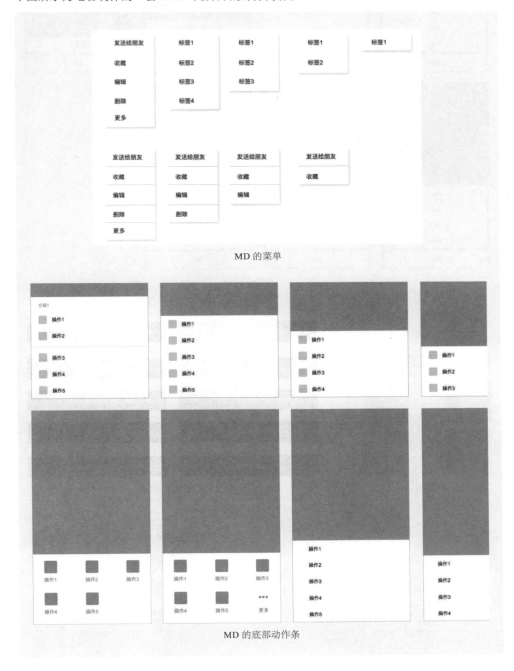

MD 的菜单

MD 的底部动作条

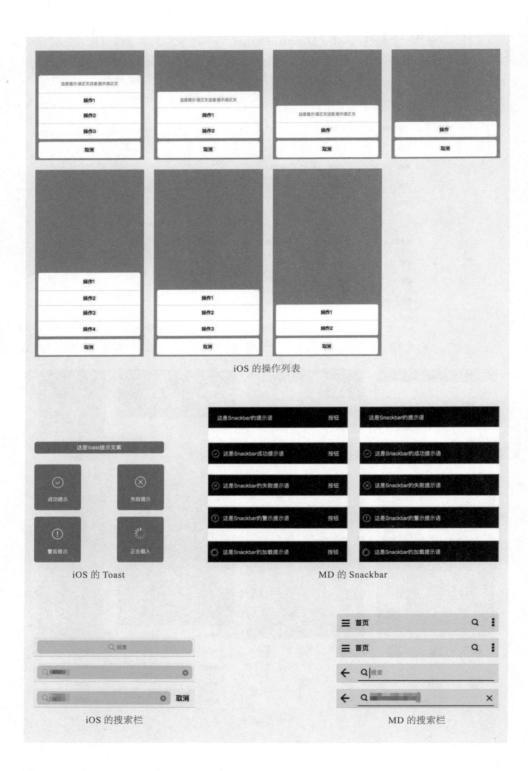

这是提示语正文这是提示语正文

操作1

操作2

操作3

取消

这是提示语正文这是提示语正文

操作1

操作2

取消

这是提示语正文这是提示语正文

操作

取消

操作

取消

操作1

操作2

操作3

操作4

取消

操作1

操作2

操作3

取消

操作1

操作2

取消

iOS 的操作列表

这是!toast提示文案

成功提示

失败提示

警告提示

正在载入

iOS 的 Toast

这是Snackbar的提示语	按钮
这是Snackbar成功提示语	按钮
这是Snackbar的失败提示语	按钮
这是Snackbar的警告提示语	按钮
这是Snackbar的加载提示语	按钮

这是Snackbar的提示语

这是Snackbar的成功提示语

这是Snackbar的失败提示语

这是Snackbar的警告提示语

这是Snackbar的加载提示语

MD 的 Snackbar

Q搜索

Q

取消

iOS 的搜索栏

≡ 首页   Q ⋮

≡ 首页   Q ⋮

← Q 搜索

← Q   ×

MD 的搜索栏

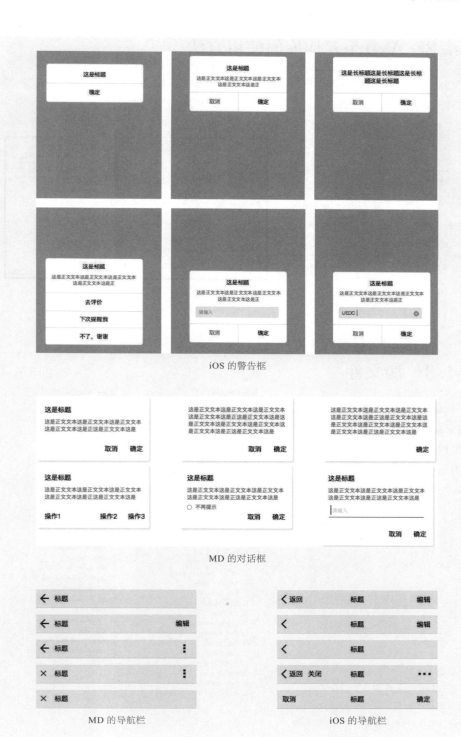

iOS 的警告框

MD 的对话框

MD 的导航栏   iOS 的导航栏

3.4.2　Axure元件库的使用方法

启动 Axure，在"元件库"面板中单击"快捷菜单"图标，然后在下拉菜单中选择"载入元件库"命令，之后选择对应的元件库进行使用即可，如下图所示。

3.4.3　源文件

设计师通过 iOS 和 MD 元件库的源文件站点地图，即可掌握两大系统的组件控件体系，还可以查看每个组件控件，如右图所示。

---- **提示** --------------------------------

笔者制作的元件库基本包含了两大系统常用的组件控件，适用于移动端的绝大部分设计场景。同时，所有元件都可再修改。

3.5　App 中六大组件的使用方法与区别

设计师在设计 iOS 系统和 Android 系统的 App 的过程中会涉及很多组件，在不同的场景使用的组件也不一样。本节将针对一些常见组件的区别和用法进行讲解。

3.5.1　警告框和底部操作列表

底部操作列表组件一般在包含 3 种或 3 种以上的操作时使用，而在包含的操作较少时使用警告框或底部操作列表均可。

警告框和底部操作列表在使用上的区别有 5 点：① 警告框更适用于提示文字，且提示文字的内容优先级较高；② 底部操作列表更适用于选择按钮，且选择按钮的功能优先级较高；③ 按钮的数量为 0~2 个时，建议使用警告框；④ 按钮的个数为 2 个或 2 个以上时，建议使用底部操作列表；⑤ 一些强阻断操作的场景（如没有网络或版本升级等）则需要使用警告框。

例如，在用户使用 iOS 系统的原生邮箱时，点击"更多"按钮会出现底部操作列表，且里面会展示"旗标""标记为未读""移到垃圾邮件箱"和"通知我…"这 4 种操作选项。而 Twitter 的"退出登录"的二次确认则使用的是警告框，如下图所示。

针对"退出登录"时的二次确认性提示，微信使用的是底部操作列表，而 QQ 使用的是警告框，如下图所示。

3.5.2　标签栏和工具栏

　　标签栏允许用户在不同视图之间进行切换，而工具栏主要在涉及对当前页面进行操作的情景下使用。

　　例如，在 App Store 中点击游戏标签，进入游戏内容的页面，这时 App 使用标签栏进行视图切换。而在 iOS 系统原生邮箱的工具栏中点击"删除"图标，则会删除当前邮件，如右图所示。

3.5.3　底部动作条和菜单

　　底部动作条可以是列表样式，也可以是宫格样式。其中的每一个菜单项都是一个离散的选项或动作，并且能够影响应用、视图或视图中选中的按钮。如果只有两种或更少的操作，或者需要对操作详加描述，则会使用菜单。在多数情况下，长按操作使用的都是菜单。

　　例如，在微信公众号中点击"更多"按钮，会出现一个底部动作条；在微信对话列表进行长按手势操作会出现菜单；在点击"退出"按钮时也会出现菜单，如下图所示。

3.5.4 选择器和底部操作列表

选择器可以表现互斥的选择项。选择器的好处是可以来回地对选择项进行切换，同时选择器里面的内容可滚动，可容纳的选项也非常多。如果是对当前页面内容的操作，则使用底部操作列表。

例如，用户在使用早期版本的猎聘 App 时，设置当前状态时会看到其使用的是底部操作列表来展示选项。这样的设计其实是错误的，因为底部操作列表的作用是对选项进行操作而不是选择。而改版后的猎聘 App 则将该组件更改成了选择器，这样的设计就比较合理，如右图所示。

3.5.5 下拉菜单和活动视图控制器

如果操作选项是其他功能的入口，则适合使用下拉菜单；如果操作选项是对当前操作的分享，则适合使用活动视图控制器。

例如，用户在使用支付宝 App 时，当点击"更多"按钮时会出现下拉菜单。用户在查看微信公众号时，在公众号的历史文章中点击"更多"按钮会出现活动视图控制器，如右图所示。

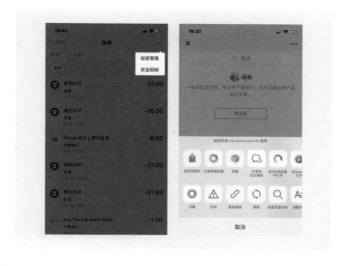

3.5.6　Snackbar和Toast

Toast 作为信息的反馈提示组件，可以承载更多的提示语；而 Snackbar 一般要求文案简短。需要在提示信息里面嵌入操作（如微信收藏）时，可以使用 Snackbar。Toast 相对于 Snackbar 而言，提示强度会稍低一些。

在用户使用微信转发消息或收藏消息时，系统会通过 Snackbar 提示用户当前操作成功，如图 a 和图 b 所示。而图 c 则是通过 Toast 提示用户。

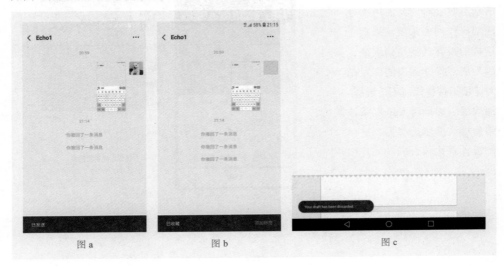

　　　　图 a　　　　　　　　　　图 b　　　　　　　　　　图 c

---- **提示** --

本节讨论的 Toast 和 Snackbar 的使用区别主要是针对 Android 系统而言的。在 iOS 系统的设计规范中使用 Toast 的情况很多，而使用 Snackbar 的情况较少，笔者也仅仅是在 Gmail 中见过，如下图所示。

第 4 章

以功能划分的移动端组件与控件设计规范详解

4.1 组件与控件的基本认识

前面笔者已经讲过，在移动端设计规范中，由多个元素组合而成的元件叫组件，由单一元素构成的元件叫控件。对于组件与控件而言，如果单纯通过属性来对两者进行划分，是无法很好地贴合设计师的工作情景的。因此，本章笔者将从功能维度对组件与控件进行划分讲解。

以功能划分的移动端组件如下图所示。

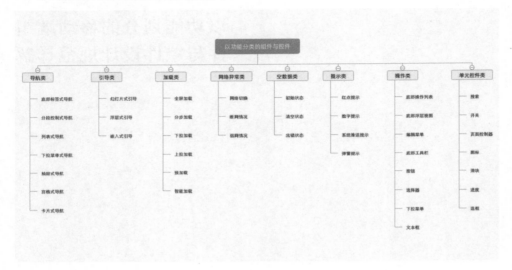

4.2 导航类组件

导航类组件的作用主要包括 3 点。

（1）结构化产品内容和功能。导航系统相当于 App 的骨架，支撑着 App 的内容和功能。同时，导航类组件也起着组织内容和功能的作用，让内容和功能按照产品的信息架构图进行合理连接并清晰地展现在用户面前。

（2）突出核心功能。导航类组件起到了突出核心功能、适度隐藏次要功能的作用，而核心功能对目标用户来说是极其重要的。

（3）扁平化用户任务路径。导航类组件可以很好地扁平化信息层级，是进入不同信息分类的入口，使得用户可以迅速实现在不同模块之间的切换而不会迷失方向。

4.2.1 底部标签式导航

下面，将对导航类组件所包含的元件及其使用规范进行讲解。

底部标签式导航是用于一级目录的导航，位于页面底部，也是目前较常见的一种导航形式。底部标签式导航可以让流量更大化并有效分发流量，使各个模块都有机会获取流量，以此提高页面流量的转化率。同时，将常用的导航放在底部，无论用户是单手操作还是双手操作，都能轻松地在各功能模块之间跳转，如下图所示。

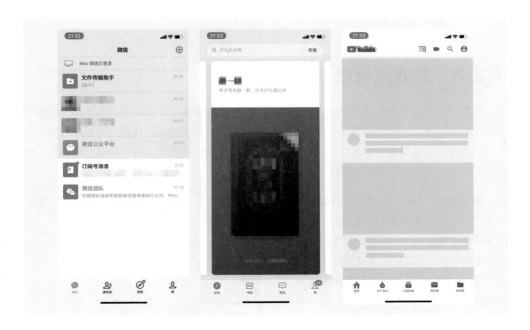

使用优势：① 它可以承载重要性和使用频率处于同一级别的功能模块、信息或任务；② 它能第一时间支持用户获取重要性较高、频率较大的信息或任务；③ 它能支持用户在不同模块、信息和任务之间快速切换。

使用劣势：① 标签式导航在数量上不超过 5 个；② 标签栏占用了一定的空间，所以减少了页面的信息展示区域。

4.2.2　分段控制式导航

分段控制式导航通常用于展示同一模块下不同类别的信息或筛选不同模块的信息，属于二级导航，如下图所示。

使用优势：① 可以让信息层级尽可能地扁平化，同时提供进入不同信息分类或模块的入口；② 用户可以迅速实现在同一模块不同类别信息之间的切换而不会迷失方向。

使用劣势：① 分段控制式导航位于顶部，切换起来不是那么方便，虽然 iOS 系统带有左右滑动手势，但很多用户并不知道；② 分段控制式导航比较占用空间，导致屏幕可用于展示信息的区域变少。

4.2.3　列表式导航

列表式导航通常针对具体的某个模块内容的信息进行分类，还可以将具体的某个模块的结构以列表的形式进行分类展示，结构清晰，便于用户理解。同时，列表式导航多用于辅助主导航来展现二级甚至更多层次的内容。此外，列表式导航适用于大量的信息分类展示，空间利用率高，可以展示大量的条目，如右下图所示。

使用优势：① 列表式导航的结构具有很强的延展性，可以不断地增加信息，而且它的信息格式一般都比较一致；② 它的导航效率高，可以引入字母索引；③ 它可以很方便地进行分组分类；④ 适合宽而深的信息层级。

使用劣势：① 功能重于形式，承载的信息种类也比较单一，容易给人带来单调感，很难让用户长时间停留于此；② 如果列表中包含的信息量比较庞大，往往需要加入搜索功能或索引，否则会给用户带来无法快速找到信息的麻烦。

4.2.4 下拉菜单式导航

下拉菜单式导航通常用于筛选同一模块下的不同类别的信息，或者是用于快速启动某些常用的功能模块，减少用户查看信息时的干扰，如右下图所示。

使用优势：这种导航形式一般不会用于全局导航，而多用于浏览类 App 的二级导航，它可以将 6 个以上的分类都集合在一起，从而节省屏幕空间。

使用劣势：① 导航隐藏较深，不利于用户切换；② 分发流量效率低，不利于流量的利用。

4.2.5 抽屉式导航

抽屉式导航是把除了核心功能以外的低频操作都放到一个"抽屉"里的导航方式。这种导航方式可让用户集中注意力，能给用户沉浸式的体验并确保他们不被打扰。抽屉式导航通常用在沉浸式的阅读产品中。如果其他模块的切换频率低，或者某个产品需要突出新内容并需要弱化其他信息，也可以使用抽屉式导航。同时，抽屉式导航常与底部标签式导航组合使用，将同一级页面内的信息再细分，给人以清晰的感觉，如右下图所示。

使用优势：① 用户可以将注意力放在首页，避免被其他类型的导航分散注意力，获得更沉浸化的操作感和阅读感；② 最大限度地利用屏幕空间。

使用劣势：① 入口隐藏过深，不利于用户发现；② 导航之间切换起来烦琐且流量容易流失。

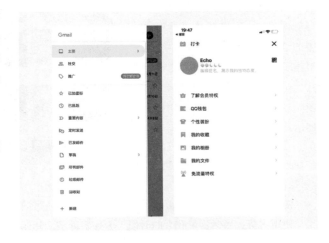

4.2.6　宫格式导航

宫格式导航是类似于手机桌面各个应用入口的导航方式。其每个入口往往是比较独立的信息内容。用户进入一个入口后，只处理与此入口相关的内容，如果要跳转至其他入口，则必须要先回到入口总页面。宫格式导航所能呈现的信息内容比较少，如右图所示。

使用优势：① 宫格式结构可以作为信息或平台的入口，也可以作为产品或项目信息聚合的载体；② 它适合承载订阅类产品或有众多属性且差异非常明显的分类信息；③ 它可以划分为多个模块，由不同团队独立开发每个模块，再进行聚合；④ 它具有较强的延展性，可以无限扩展内容。

使用劣势：① 用户选择压力大；② 由于宫格式结构是信息或平台的入口，所以具体的信息往往会隐藏在下一级页面中，这会导致用户无法第一时间看到信息。

4.2.7　卡片式导航

卡片式导航是一种可视化程度较高的导航，也是宫格式导航的一种延展形式。它常作为二级导航使用，每个条目可以呈现更多的信息。同时，卡片式导航能根据页面内容的变化及时更新图片，适用于以图片为主的内容（如新闻、美食、旅行及视频预览图等）展示，如右图所示。

使用优势：对运营量的要求比较低，而且单个条目的转化率通常比较高。

使用劣势：当运营量较大的时候，卡片式导航会降低用户寻找信息的效率。

4.3　引导类组件

引导类组件可以在用户使用产品功能或遇到障碍之前及时给予引导和提示，引导用户更快速、更愉悦地达成操作目标。在移动端的引导设计中，为了完成不同内容和不同形式的引导目标，设计师会根据具体需求进行多样化的处理。

常见的引导类组件包括幻灯片式引导、浮层式引导和嵌入式引导。

4.3.1　幻灯片式引导

幻灯片式引导页一般出现在 App 首次启动的时候，集合了宣传、解说及帮助等页面内容。在移动互联网的产品设计中，引导页的设计目的是在用户初次使用（或版本更新）该移动产品时给予一些必要的帮助，使得用户能快速、愉悦地了解这个产品的功能与具体操作方式，如右下图所示。

从产品角度分析，幻灯片式引导页的出现是希望用户能够更加方便地理解产品的特性，减少对产品的陌生感；从用户角度分析，一个应用性较好的引导页可以使用户对产品产生好感，并增加用户对产品的黏度。

主要作用：① 让用户快速了解这是一个什么样的产品；② 让用户快速了解该产品的主功能、有重大变化的功能及要重点体现的特色。

设计建议：① 文案简单易懂，重点突出；② 内容可以是图片或视频等，且内容和文案要有一定的关联性；③ 分页符一般是 2~4 个；④ 提供可以直接跳过引导页的操作，不强制用户全部浏览。

使用场景：① 当用户第一次使用产品时，引导页可以让用户快速地了解产品的主功能；② 在用户更新产品后，引导页可以给用户介绍更新的功能。

4.3.2　浮层式引导

浮层式引导是一种轻量级且目标性很强的引导方式，一般以浮层结合文案的形式出现，样式类似气泡，如下图所示。

主要作用：① 提示用户注意一些新增功能、页面调整或如何使用某一项新增功能；② 提示用户注意一些重要功能或隐藏操作。

使用建议：① 使用提示文案与带有指示箭头的气泡设计；② 一般为非模态浮层，大概显示 3 秒左右后自动消失，对用户的干扰较小；③ 文案尽量做到简洁且表意清晰，字数建议控制在 20 个以内。

使用场景：① 有些新增功能不易被用户察觉，同时这些功能对产品本身来说比较重要，这时候需要浮层式引导，让用户了解该功能并熟悉其使用方法；② 用于新手引导。

4.3.3　嵌入式引导

嵌入式引导是将引导的内容直接嵌入到页面中的一种引导方式，其中比较常见的嵌入方式是将内容嵌入主题内容页面当中，如下页图所示。

主要作用：① 让用户了解当前页面或操作处于何种状态，并指导用户接下来该如何操作；② 保留当前页面内容的同时，增加引导提示。

使用建议：用简短的文案表述当前状态并告知用户如何操作。

使用场景：① 在交互处于异常状态时使用嵌入式引导提示用户当前状态；② 在初始状态下，由于页面数据为空，需要通过嵌入式引导提示用户操作。

以上 3 种类型的引导页是按照重要程度进行排序的，并且这 3 种引导方式可组合使用。至于具体应该如何组合和使用，则需要根据业务和具体的产品定位而决定。

4.4　加载类组件

用户在客户端上进行操作，客户端发送请求到服务器，服务器处理请求，返回数据到客户端并显示给用户，这一过程被称为"加载"（Loading）。加载有别于缓存，缓存是主动的，而加载是被动的。

设计师在进行 App 产品设计时，往往会更加专注于页面的布局、页面和页面之间的跳转，以及操作和反馈，而忽略掉一个比较重要的环节，那就是 App 数据加载设计。那么设计师应怎样处理好页面交互中的加载设计，让用户的操作无缝衔接、没有漫长的等待感呢？这就要从不同的加载类型进行分析了。

在 App 设计中，常见的加载一般有全屏加载、分步加载、下拉加载、上拉加载、预加载及智能加载这 6 类。

4.4.1　全屏加载

全屏加载的加载方式比较简单，一般在页面内容比较单一的情况下使用。这种方式会在一次性加载完所有数据后再显示内容，如右下图所示。

使用优势：能保证内容的整体性，全部内容加载完才能够被系统化地阅读。

使用劣势：会给用户非常强烈的等待感，在等待过程中用户容易产生焦虑情绪。

使用场景：① 从上一级页面进入下一级页面；② 在H5中使用；③ 配合有明确进度标识的加载。

4.4.2　分步加载

当同时有文字和图片时，图片要比文字加载得慢。在文字先加载出来之后，图片在加载过程中会被占位符替换，直到图片加载成功。当加载的页面内容有固定的框架时，可以先加载框架，再加载框架内的内容。通过先加载页面框架、设计占位符等形式可以让用户提前了解整个页面的架构，提高对产品的体验感，如右图所示。

使用优势：帮助用户快速了解整个页面的信息布局。

使用劣势：加载开始瞬间会丢失掉重要的关键信息，用户初次感知会认为是产品出问题了。

使用场景：适用于多图片布局的页面和比较消耗流量的页面。

4.4.3 下拉加载

用户下拉页面时出现加载动画，意味着对整个页面的重新加载刷新，这一加载方式可以让产品更具情感化、人性化和品牌化，如下图所示。

使用优势：方便用户刷新当前页面，并获取新数据。

使用劣势：非首屏时，无法进行该手势操作。

使用场景：页面信息会在刷新加载时保留。

4.4.4 上拉加载

用户在浏览页面时，对于未加载的信息，通过上拉可自动加载，如右图所示。

使用优势：把用户带入无尽浏览模式，让用户用手一直向上滑动，不需要手动点击。

使用劣势：没有尽头，容易迷失，不方便快速索引定位到某个内容。

使用场景：适用于瀑布流、长列表及商品列表等情况。

4.4.5　预加载

当用户停留在一个页面时，后台会将对应当前页面通向下一页面的所有信息都加载出来。产品使用这种加载方式，可以减少用户在使用产品时的等待时间，如下图所示。

使用优势：用户进入下一级页面时无须等待加载，给用户以流畅的体验感。

使用劣势：在非 Wi-Fi 情况下，浪费用户流量。

使用场景：信息需要即时刷新，同时预加载后消耗流量较少的场景，如 IM（即时通信）或邮件等。

4.4.6　智能加载

根据用户的实际网络情况加载不同质量的图片内容。例如，在有 Wi-Fi 的情况下，加载出来的图片是高清的；在没有 Wi-Fi 的情况下，加载出来的图片是标清的。

使用优势：根据具体场景来控制流量和加载速度。

使用劣势：不一定能真实有效地命中用户需求。

使用场景：适用于电商、在线视频等带有大量图片或视频的 App 页面中。

上述的 6 种加载类组件适用于不同的场景且各有优缺点。在设计时，设计师可以根据用户的使用场景和环境来设计合理的加载形式。

4.5 网络异常类组件

从用户的使用情况来分析，用户在使用 App 的过程中，进行任何操作时都有可能出现网络异常的情况。造成网络异常的原因通常有 3 种：第 1 种是网络切换，即从 Wi-Fi 网络环境切换到移动数据网络环境有可能造成网络异常；第 2 种是断网，即完全没有连接至网络；第 3 种是弱网，即处在 2G/E 网络环境下无法加载或上传数据。

4.5.1 网络切换

网络切换组件适用于一些需要消耗大量流量的 App 的操作，如开启视频及播放音乐等。当用户在开启或播放一些视频和音乐，网络状态从 Wi-Fi 切换到 3G 或 4G 网络时，为了防止用户在操作中耗费掉大量流量，系统会采用一定的设计形式告诉用户网络切换状态。而其中常见的设计形式就包括警告框和界面内嵌。

例如，用户处于移动网络状态时，若打开网易云音乐或百度网盘播放视频，系统会以警告框的形式告知并提醒用户其目前所处的网络状态，如下图所示。

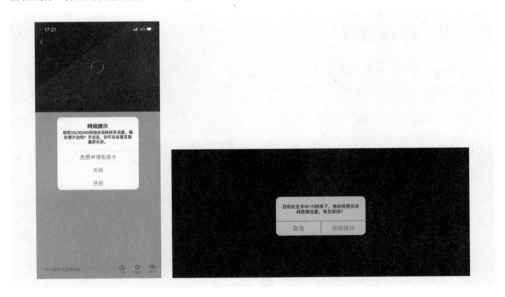

设计建议：① 警告框必须包含标题，必要时还可以包含正文文本；② 警告框应包含一个或多个按钮。

用户在非 Wi-Fi 网络环境下打开开眼 App 的播放界面，会出现界面内嵌式信息并提示用户当前播放会消耗数据流量，如下图所示。

设计建议：① 内嵌文案应简洁、易懂；② 内嵌文案应该放在用户较容易关注的区域中。

4.5.2　断网情况

当移动设备无法传输网络数据时，系统会采用一定的设计形式告知用户无法上传和下载数据。此时常见的设计形式有 Tips 提示、警告框、界面内嵌、占位符、Toast 提示及整页提示。

用户在断网情况下使用微信时，Tips 提示是一直存在的，且点击后会跳转到提示的新页面；用户在断网情况下使用 Instagram App 时，Tips 提示会在出现 1~2 秒后消失，如右图所示。

设计建议：① 在设计中可以让 Tips 提示一直存在，也可以让 Tips 提示出现 1~2 秒后消失；② 在用户操作后，Tips 提示会再次出现，也可以让用户点击 Tips 提示，然后跳转到系统网络设置页面。

用户在无网络的情况下使用大众点评 App 和美团 App，会出现警告框提示，如下图所示。

设计建议：① 弹框按钮应提供前往设置的跳转按钮；② 确保警告框中的文案能清晰、简洁地为用户提供解决方案。

在无网络时，腾讯视频 App 会在视频区域将提示语和按钮通过界面内嵌的方式提示用户，如下图所示。

设计建议：① 显示网络异常提示文案；② 提供设置重新连接网络的按钮（非必要）。

简书 App 在页面没有加载出来时，通常都采用占位符加载样式，如下图所示。当出现因为网络信号不好或网络连接中断等原因引起页面数据无法调取的情况时，设计师可以事先在 App 中预设好图标或占位符来代替加载的文字、数字及图片等数据。这样可以告知用户此处有内容，只是还没有加载出来，并确保用户从占位符就可以看出页面中大概有哪些内容。

设计建议：占位符的布局按照对应页面的布局展示，如此才不会让页面产生违和感。

当用户在断网情况下使用值得买 App 时，服务端在因为网络异常无法调取数据的情况下会出现 Toast 提示告知用户网络异常，如下图所示。

设计建议：Toast 提示文案要简短，且应先触发操作，再出现 Toast 提示。

淘票票 App 在断网情况下会通过缺省页提示用户当前网络异常，如下图所示。缺省页一般含有图标、插画、网络异常文案和重新连接刷新网络的按钮。

设计建议：① 使用与当前场景相关的插画等图片；② 显示当前场景的解说文案；③ 给予针对当前场景的操作引导。

4.5.3 弱网情况

在弱网情况下使用的组件和前面所述的在断网情况下使用的组件基本一致，常见的有 Tips 提示、界面内嵌、占位符及缺省页提示等，这里不再过多讨论。

4.6 空数据类组件

设计师或产品经理在设计产品原型时，大部分情况都是先设计主流程的主页面，再设计其他场景的页面，最后设计异常页面、空数据页面等。

空数据类组件分为初始状态、清空状态和出错状态这 3 种。

4.6.1　初始状态

初始状态是指当前没有显示任何内容,需要用户进行某种操作后才能产生内容的页面效果。其主要作用是提示用户需要进行某种操作才会出现内容。

组成部分: ① 相关插画或其他图片;② 解说文案;③ 操作入口按钮或可点击文字(非必要)。

用户在使用京东 App 时,在没有把商品加入购物车的情况下进入购物车页面时,页面会给出购物车为空的相关提示,同时给出相对应的入口按钮以引导用户操作。用户在使用 Gmail 时,当用户的收件箱为空时,系统会直接用一幅插画进行提示,如下图所示。

一般情况下,对于初始状态的设计,常规做法是用简单的插画配合简洁的文案,必要的时候给出引导用户操作行为的按钮。现在流行的设计趋势是插画越轻量、越简单就越好,以免从视觉上抢夺了文案信息的主要地位。

4.6.2　清空状态

清空状态是指通过删除操作,清空当前的页面内容,产生空页面。这时候需要有明确的提示告知用户该如何处理。

组成部分: ① 相关插画或其他图片;② 宣传或解说文案;③ 操作入口按钮或可点击文字(非必要)。

在用户使用 Outlook App 时，若邮件全部被删除，会对应出现清空状态的提示，告知用户当前的空数据页面是由于删除了所有的邮件导致的，如右图所示。

---- 提示 ----------------------------

在实际设计工作中，有的设计师会将某款产品的清空状态的页面按照初始状态来设计，这样也是可以的。不过这样的设计有一个弊端，就是没有告知用户产生空状态的原因是初始化还是清空。清空状态是对初始状态的进一步细化，其页面与初始状态设计很相似，唯一不同的是文案提示。

4.6.3 出错状态

出错状态是指由于网络连接中断、服务器异常或无法反馈其他结果等原因而导致页面出现无法加载内容，从而产生空页面的情况。在这种状态下，系统需要有明确的提示告知用户这种情况出现的原因和具体的处理方法。

组成部分：① 相关插画或其他图片（非必要）；② 解说文案；③ 操作入口按钮或可点击文字（非必要）。

用户在网络异常的情况下使用知乎 App 时，会加载不出来页面或出现空数据页面，这时候系统会以文案和按钮结合的形式告知用户网络异常；用户在网络异常的情况下使用新浪微博国际版时，系统会以文案、小插画和按钮结合的形式提示用户网络异常，如右图所示。

当用户在网络异常的情况下使用 iOS 原生邮箱进行搜索操作但无法获取数据时，会产生空数据页面；当用户在网络异常的情况下使用网易考拉 App 进行搜索操作但无法获取数据时，系统会给出新的解决方案，如下图所示。

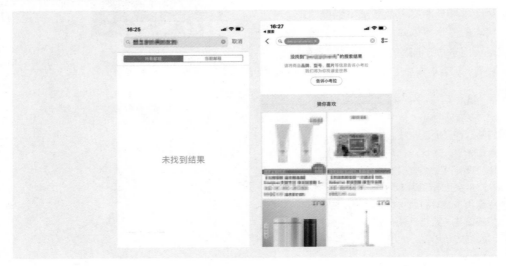

当用户使用 QQ 浏览器并点击新闻列表进入新闻详情页时，如果打开的文章已被删除，会出现出错状态的提示，如下图所示。

4.7 提示类组件

在 App 设计中，可使用的提示类组件较多。为了避免与前面的内容重复，这里主要针对消息提示类组件进行讲解。消息提示类组件通常包括红点提示、数字提示、系统推送提示及弹窗提示这 4 种。

4.7.1 红点提示

红点提示通过显示红色圆点吸引用户的注意，从而达到给用户传达信息的目的。

使用场景：① 从产品的目标角度来说，想让用户知道产品有新功能更新并引导用户去使用，可以使用红点提示用户；② 用于新消息的提示；③ 根据其他业务需要，通过红点提示用户去点击操作。

用户在使用支付宝、QQ 动态时，列表页中若出现新消息，系统会给出红点提示；用户在使用 MIX 商店时，若商店中的产品有更新，系统会通过红点提示用户并促使用户点击消费，如下图所示。

4.7.2　数字提示

数字提示通过数字让用户知道更新的信息数量，同时引导用户去点击，从而达到给用户传达信息的目的。

使用场景：① 当产品出现新功能时，系统可以用数字提示的方式告知用户更新的功能数量；② 当用户收到新的聊天信息时，系统可以用数字提示的方式告知用户更新的信息数量；③ 桌面图标上的数字让用户在开启 App 之前就知道收到的信息数量。

用户在使用 Messenger App 时，系统标签会通过数字提示让用户知道列表功能的数量；用户在使用微信 App 时，微信的消息列表会通过数字让用户知道收到了多少条消息；在用户开启 App 之前，iOS 系统会在桌面图标上显示数字告知用户收到的信息数量，如下图所示。

- - - - 提示 -

红点提示和数字提示既有相同点，又有不同点。两种提示的相同点是吸引并引导用户去点击信息，达到传达信息的目的；不同点是数字提示的提示强度相比红点提示更大，同时数字提示传达给用户的信息也更完整，可具体到数量。

4.7.3　系统推送提示

系统推送提示可让用户获取系统推送信息，属于强提示。用户通过推送消息进入 App 获取信息，可提高产品的使用活跃度，增强用户使用黏度。

- - - - 提示 -

在 iOS 系统和 Android 系统中，App 想要让系统自动推送消息，需要先取得推送权限。

使用场景：① 有重要信息需要告知用户；② 满足运营需求，通过系统推送消息给用户宣传运营促销活动并引导用户去参与活动。

用户在使用网易邮箱 App 时，如果打开其系统权限，则会收到系统推送消息；用户在使用猫眼 App 时，如果有关注度较高的电影上映，系统会推送消息并引导用户去点击消费，以此来提高用户黏度，如右图所示。

4.7.4　弹窗提示

弹窗提示可以让用户及时获取一些重要的消息，同时弹窗提示可为某些业务提供流量入口。

使用场景：① 根据运营需求，通过弹窗提示语和入口来达到流量导入的效果；② 提供重要功能、重要信息的入口；③ 用于重要信息的提示，起到单纯提示信息的作用。

用户在使用支付宝 App 时，当用户进入"信用生活"页面后，系统会给出一个弹窗提示，引导用户去抢红包以满足运营需求。当用户在使用 QQ App 时，QQ 的 H5 页面会通过弹窗提示去引导用户下载使用 QQ 音乐。同时，QQ 的服务号升级后，系统也会通过弹窗提示告知用户，如下图所示。

4.8　操作类组件

由于操作类的组件控件实在太多，本节尽量挑选典型的且与之前分组不重复的操作类组件进行讲解，主要包括底部操作列表、底部浮层视图、编辑菜单、底部工具栏、按钮、选择器、下拉菜单及文本框。

4.8.1　底部操作列表

关于底部操作列表的知识点之前笔者已经讲过，这个列表包含了与用户触发的操作直接相关的一系列选项功能，也是一个在用户激发某项操作的时候才会出现的浮层列表。操作列表可以在用户开始一个新任务或出现一些破坏性操作（如删除、退出登录等）时向用户进行二次确认。底部操作列表不会永久占用当前页面空间。

使用场景：对当前页面进行操作并出现多个选项需要用户选择时。

使用特性：① 由用户的某个操作行为触发；② 包含 2 个或 2 个以上的按钮。

用户在使用 iOS 原生邮箱时，在阅读邮件后，若想要对邮件进行相应的处理操作，则会触发显示一个底部操作列表，在这个列表中，用户可进行"回复""转发"或"打印"等操作。在 Android 原生文件管理应用中，用户点击按钮出现底部操作列表，通过这一操作列表，用户可以对一系列功能进行选择，从而开始新的任务，如下图所示。

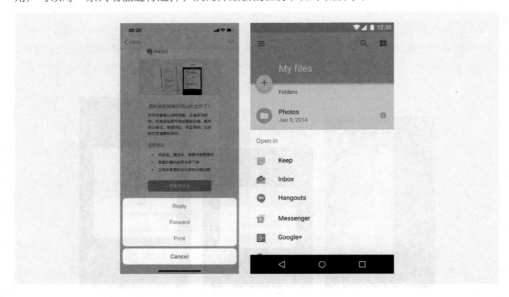

4.8.2 底部浮层视图

底部浮层视图展示了与用户进行的操作直接相关的一系列选项，主要用于对当前页面的分享。底部浮层视图的使用特性是由用户某个操作行为触发，同时包含2个或2个以上的宫格。

使用场景：针对当前页面的操作，如分享等。

使用特性：① 多用于分享操作，对于不同渠道的分享会采用分组进行区分；② 点击遮罩以外的区域，底部浮层视图消失。

例如，下面左图中，用户在使用网易云音乐 **App** 的分享功能时会出现底部浮层视图，里面包含站内渠道和站外渠道的分享分类；下面右图的设计也是如此。

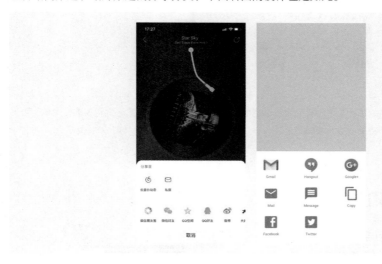

---- **提示** --

Material Design 设计规范中把底部操作列表和笔者所讲的底部浮层视图都叫作底部动作条。底部动作条可以是列表样式，也可以是宫格样式。

4.8.3 编辑菜单

用户能通过长按或点击调出一个编辑菜单来完成诸如在文本视图、网页或图片中的剪切、复制及其他一系列的操作。将一系列操作隐藏且设置为只能通过手势调出，这样设计的好处是编辑菜单不占据当前展示页面的空间，适合非高频的使用场景。

使用场景：重要性较低的操作，非主操作。
使用特性：① 编辑菜单被隐藏，只有通过点击或长按呼出；② 编辑菜单以浮层形式存在。

用户在使用微信 App 时，如果想对对话内容进行复制、转发及收藏等操作，可通过长按手势调出编辑菜单，如下图所示。

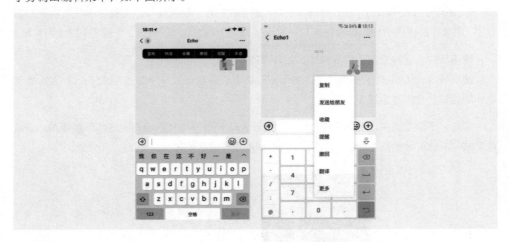

---- **提示** --

目前，Material Design 设计规范中将笔者所讲的编辑菜单定义为菜单，而笔者觉得叫编辑菜单会更形象，因此在以上描述中都将菜单称为编辑菜单。

4.8.4 底部工具栏

底部工具栏上放置着用于操作当前屏幕中各对象的组件。在键盘被唤起且用户上下滑动或当前视图变为竖屏的状态时，工具栏可以被隐藏。

使用场景： 对于当前整体页面可进行多项操作时。

使用特性： ① 工具栏始终位于屏幕底部；② 工具栏操作按钮可以是文字或图标，也可以是文字加图标；③ 工具栏操作按钮的数量建议不超过 5 个。

例如，用户在使用 iOS 原生邮箱时，当用户点击邮件详情，可以看到邮件底部的工具栏，用户通过工具栏可以完成对邮件的各项操作，如右图所示。

4.8.5 按钮

按钮由文字或图标组成，这些文字和图标的主要作用是告知用户在按下按钮后将进行的操作。而在这里，我们可以把按钮理解为一个操作的触发器。常见的按钮组件有悬浮响应按钮、浮动按钮及文字按钮 3 种。

1. 悬浮响应按钮

悬浮响应按钮是指一直在页面固定位置悬浮或上滑时隐藏、下滑时出现的按钮。

使用场景：用于触发整个页面中比较重要的操作。

使用特性：位置不会随着页面的滚动而产生变化。

悬浮响应按钮在官方页面中的使用情况如下图所示。

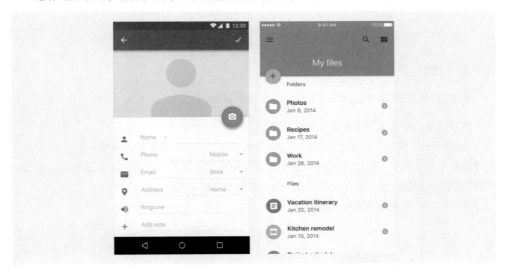

2. 浮动按钮

浮动按钮指相对固定于页面中的一个位置，并随着页面的滚动而改变位置的按钮。

使用场景：用于触发页面中常用但重要度较低的操作。

使用特性：① 浮动按钮固定于一个位置，且点击后会产生墨水扩散效果；② 可以像一张放在页面上的纸片，点击后会产生浮动效果并表现出一定的色彩变化。

浮动按钮在设计规范页面中的使用情况如下图所示。

3. 文字按钮

文字按钮即文字链样式的按钮，样式视觉强度偏弱。

使用场景：用于触发重要度较低的操作。

使用特性：① 文字按钮的视觉吸引力一般低于浮动按钮，且重要度较低；② 点击后会产生墨水扩散效果，但和浮动按钮相比没有浮起的效果；③ 在设计过程中尽量避免将文字按钮作为纯粹装饰用的元素，按钮的设计应当与应用的主题颜色保持一致。

文字按钮的样式如下图所示。

---- **提示** ---

在使用按钮组件进行设计时，还需要注意 4 点：一是按钮类型应该基于主按钮、屏幕上容器的数量及整体布局来进行选择，如果是非常重要的信息且应用广泛，需要用悬浮响应按钮进行提示操作；二是基于放置按钮的容器及屏幕上层次堆叠的数量来选择使用浮动按钮还是文字按钮，避免出现过多的按钮层叠的情况；三是一个容器应该只使用一种按钮；四是只在比较特殊的情况下（如需要强调一个浮起的效果时）混合使用多种按钮。

4.8.6 选择器

选择器通过滑动滑轮来选择时间、地点及人物等。滑轮承载的信息量很大，可以承载很多的选项。在滑轮中用户可以来回选择，并且在选择错误时可以调整。

使用场景：用于多项枚举选择。

使用特性：① 选择器一般位于屏幕底部或选项列表的下面（如 iOS 原生日历）；② 同一个滑轮的选项属性相同。

用户在使用 iOS 系统的原生日历时，选定时间并点击结束列表后，会出现一个选择器，通过滑动滑轮可以选择所需要的时间，如右图所示。

4.8.7 下拉菜单

用户点击一个操作按钮，可以打开一个下拉菜单，这个菜单由箭头、浮层列表组成。

使用场景：下拉菜单可以为各种功能提供快捷入口。

使用特性：可以作为新功能的入口导航。

当用户要使用微信 App 进行收付款、扫一扫等层级较深的操作时，可通过下拉菜单找到快捷入口，如右图所示。

4.8.8 文本框

文本框主要是便于用户在页面中输入文本。除此之外，用户也可以利用文本框进行其他任务操作，如文本选择（剪切、复制或粘贴等）、数据的自动查找等。文本框可以有不同的输入类型，文本框的输入类型决定着文本框内允许输入什么样的字符，有的文本框可能会调用虚拟键盘并调整其布局来显示最常用的字符。常见的文本类型包括数字、文本、电子邮件地址、电话号码、个人姓名、用户名、统一资源定位符、街道地址、信用卡号码、PIN 码及搜索查询等。

使用场景：用于需要输入文本的场景。

使用特性：① 文本框可以是单行的，带或不带滚动条的，也可以是多行的；② 用户点击文本框后显示光标，并自动显示键盘；③ 当文本输入光标到达输入区域的最右边，单行文本框中的内容会自动滚动到左边。

文本框在设计规范页面中的使用情况如右图所示。

当光标到达最下沿，多行文本框会自动将溢出的文字断开并形成新的行，使文本可以换行和垂直滚动；对于多行文本框，当用户在输入前 N 行文字时，文本框会带有高度自适应功能；当用户输入的文字超过 N 行时，文本框高度不变，右侧会出现滑条，如微信 App 的多行文本框设定为 $N=5$，其输入效果如下图所示。

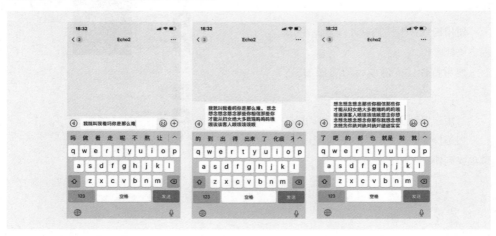

4.9 单元控件类组件

单元控件类组件一共有 7 种：搜索、开关、页面控制器、图标、滑块、进度及选框。

4.9.1 搜索

用户通过搜索关键词，可以提取自己想要的信息。当应用内包含大量信息的时候，用户通过搜索可以快速地定位到特定的内容。

使用场景：用于对信息的快速查找。

使用特性：① 功能模块含有搜索框或搜索图标；② 通过点击触发搜索功能，跳转到新页面或浮层进行搜索操作。

以微信 App 为例，在 iOS 系统中默认搜索栏为隐藏样式，当用户下滑操作时出现搜索栏，用户点击输入框即可开始进行内容搜索；而在 Android 系统中将搜索图标放在了导航栏上，当用户点击搜索图标时，即可进行搜索，如下图所示。

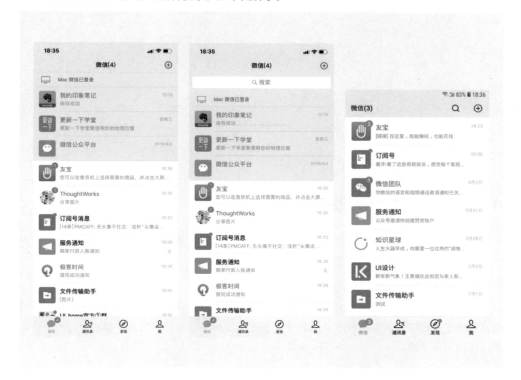

4.9.2　开关

开关按钮仅在列表中使用，展示了两个互斥的选项和状态。在列表中，需要使用开关按钮让用户从某一项的两个互斥状态中指定一个，如"是 / 否""开 / 关"等按钮。

使用场景：用于对两种互斥状态进行选择。

使用特性：① 含有开关的标题名称；② 开关按钮包含两种互斥状态。

例如，微信消息设置页面中控制消息提醒的开关，如下图所示。

4.9.3　页面控制器

页面控制器的主要作用是告诉用户当前总共打开了几个视图、当前视图正处在其中的哪一个，以及视图长度是多少。

使用场景：提示用户当前视图处在整个页面的位置。

使用特性：① 包含一系列圆点，圆点的个数代表当前打开的视图数量（从左到右，这些圆点代表了视图打开的先后顺序）；② 避免显示太多圆点，建议不超过 6 个，超过 6 个会很难让用户一目了然。

当用户在手机浏览器中浏览知乎页面时，通过滑条用户很容易知晓当前页面的视图有多长，以及目前视图的位置。用户在使用京东 App 时，系统会通过页面控制器告知用户当前总共打开了几个视图和当前视图是其中的哪一个，如右图所示。

---- 提示 ----------------------

iOS 系统规范中把页面中的滑条（如知乎移动网页端页面中所示的滑条）也叫作页面控制器。

4.9.4 图标

图标是界面中的一种图形元素，主要用来执行应用程序中定义的操作。当用户点击指定的图标时，能执行图标指定的功能操作。

使用场景：是可操作功能的标识入口。

使用特性：① 由图形和文字组成；② 文字和图形需要能让人轻易地识别所代表的信息。

例如，当用户点击微信 App 和 Instagram App 底部标签栏的图标时，可进行页面视图切换，如右图所示。

4.9.5　滑块

滑块可以让用户在连续或间断的区间内，通过滑动锚点来选择一个合适的数值。在通常情况下，可将区间对应的最小值放在左边，将区间对应的最大值放在右边。

在具体应用的过程中，可将滑块分为 4 种，即连续滑块、带有可编辑数值的滑块、间续滑块和附带数值标签的滑块。由于对不同样式的滑块组件及其使用特性在前面已经讲过，这里不再赘述。

4.9.6　进度

用户在进行刷新加载或提交内容的操作时，会有一定的等待时间，设计师需要针对这个进程进行进度和活动状态的设计。在进度控件的设计中，设计师需要尽可能地减少视觉上的变化设计，尽量使应用加载过程不枯燥。同时，设计师要注意每次操作只能由一个活动指示器呈现。例如，对于刷新操作，不能既用刷新条，又用动态圆圈来指示。

指示器的类型分为两种：一种是线形活动指示器，另一种是圆形活动指示器。在操作中可以使用其中任何一项来指示确定性和不确定性的操作。

4.9.7　选框

在选框中，用户可以对单个或多个选项进行选择。选框分为两种类型：一种是单选框，另一种是复选框。前面也对不同样式的选框组件及其使用特性进行了讲解，读者可查看前文进行深入学习。

第 5 章

Web端系统组件的
设计规范详解

5.1　Web 端组件设计规范的基本介绍

在前两章，笔者系统地讲解了移动端的组件设计规范。在本章笔者将着重对 Web 端的组件设计规范进行讲解。设计师熟悉了 Web 端的组件设计规范之后，在做界面设计时，只需要合理运用组件，就可以快速搭建出 Web 端界面，并且能减少出差错的概率。

5.1.1　Web端设计规范的价值

Web 端设计规范的价值主要体现在可复用性、统一性、提升能力及团队文化沉淀这 4 个方面。

可复用性：Web 端设计规范提供了完整的设计规范和对应的组件控件，可方便视觉设计师和交互设计师反复使用，不需要重复制作，从而减少工作量并提高工作效率。

统一性：统一的设计规范可以防止设计师在设计过程中自我创造组件控件，由此保持团队产品体验的统一性。

提升能力：组件控件的可复用性使得设计师的工作效率得到极大提高，让设计师有大量的时间思考设计和业务背后的逻辑，从而提高设计思维能力。同时，完整的设计规范是系统的，设计师阅读之后可以参考并构建出自身的设计体系，对于设计水平的提高有极大的帮助。

团队文化沉淀：统一的设计规范可作为团队以后做设计的依据和参考，无论是新员工到来，还是老员工离去，都可以通过设计规范来很好地对接工作，从而提升团队的协同效率。

目前，网上有一些 Web 端设计规范只是针对组件控件的规范，缺少完整的设计思想和体系化的内容。

完整的设计规范包括设计理念、设计原则、组件控件、界面交互及输出文档等内容。设计师可以根据自身的设计理念和原则按照功能需求直接调用规范中的标准控件，然后按照信息结构调用组件样式并进行设计，很轻易地便能输出高保真原型图，减轻设计过程中对交互控件选择和对各种状态与信息排版反复思考的负担，设计流程如下图所示。

1. 设计理念

不同的使用对象（B端、C端）和不同的终端设备，适用的设计理念与方式也是不一样的。B端产品一般定制化较强，并且以业务为导向，可能有很多高级功能，突出高效易用的特点，从而导致易学性大打折扣；C端产品一般考虑迎合绝大部分用户的使用场景和诉求，包含的高级功能相对会少一些，突出易学性。

2. 设计原则

设计原则目前已经有很多，如尼尔森的十大可用性原则、格式塔原则、剃刀法则、菲茨定律及设计中常见的对比和对齐原则等。那么如何将这么多原则转化为属于自己的设计规范的原则呢？这就需要设计师根据自身或团队实际情况去把控和梳理。

3. 组件控件

组件控件是整个设计规范中的重要内容。对组件控件可以根据属性进行分类，也可以根据功能进行划分。从设计师做设计的使用场景来看，还是按照组件控件的功能进行划分比较合适。依据功能划分，表单类的组件就可以划分为单文本输入、多文本输入、日历时间选择器、选择器、单选及多选等。

4. 输出文档

作为一名交互设计师，工作职责的重点是起到承上启下的作用。首先，交互设计师需要对接上游的产品经理和项目经理，在与他们讨论过产品规划及需求后，他们会根据交互设计师输出的交互文档来评审设计方案是否满足用户需求，以及在开发实施过程中的可行性；其次，交互设计师要对接下游的视觉设计师和开发人员，他们会根据交互文档中的线框图、交互细节说明等来输出视觉设计稿，并用代码实现交互设计方案，同时以此为依据完成落地实现等工作。所以交互设计师最重要的输出物就是交互文档，交互文档是对接上下游的重要纽带。专业的交互文档包括完整的项目简介、需求分析、新增修改记录、信息架构、交互设计的方案阐述、页面交互流程图（包括界面布局、操作手势、反馈效果及元素的规则定义），以及异常页面和异常情况的说明这7项内容。而作为视觉设计师，其输出物就是视觉设计稿、标注和切图。

5.1.2 Web端设计理念

设计理念是设计的核心思想与运作原则，可以帮助设计师明确团队的设计方向，并确保每个环节都能围绕着核心准则去运作。在制作Web端设计规范时，第一部分就应是关于Web端设计理念的说明。实际上，设计理念本身不分移动端或Web端，它是一个通用的理念准则。

针对 Web 端设计的基本理念，笔者总结出以下 3 点。

1. 以业务需求为基础的设计

首先，以业务需求为基础的设计需要注意思维的转化。设计脱离了业务需求就失去了设计存在的意义，设计师应该将业务思维转化为设计思维，如下图所示。

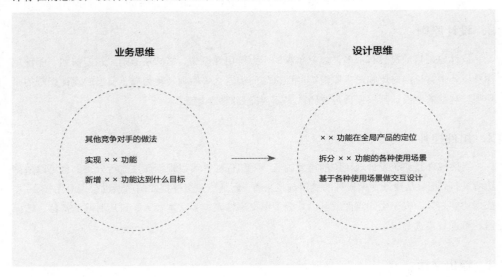

其次，以业务需求为基础的设计需要注意触达点延伸的问题。设计师在满足业务需求的基础上，要更加主动地去思考用户完成某一基础操作后下一步会做什么，并思考解决方案的延伸面，如下图所示。

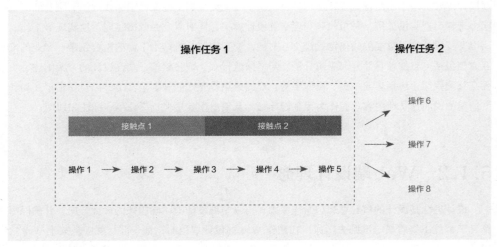

最后，以业务需求为基础的设计需要注意抽象方法论的建立。设计师对业务的理解很重要。设计师在持续深入理解业务之余，需要有意识地去建立独立于业务的通用跨界思维、框架和方法论，不能满足于逐一解决单一、孤立的业务问题，如下图所示。

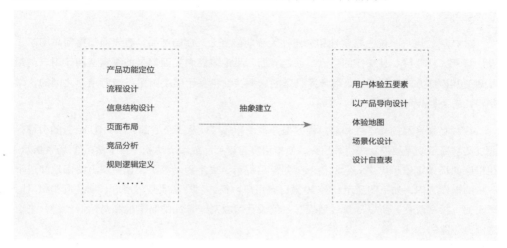

2. 以用户为中心的设计

设计师设计产品应该从用户需求和用户的感受出发，以用户为中心设计产品，而不是让用户去适应产品。无论是产品的使用流程、信息架构，还是人机交互方式，设计师都需要考虑用户的使用习惯、预期的交互方式及视觉感受等因素，如下图所示。

---- 提示 --

当我们关注用户时，除了关注用户要完成的任务（即产品将提供的功能及操作流程），还应该充分关注用户完成任务时的目的（即用户为什么要执行这个行动、任务或操作）。

3. 不同端的设计理念

Web 端的产品分为 B 端和 C 端，不同端的产品的设计理念也是有差别的。

C 端产品需要关注用户的使用时长，以及产品的易用性。产品做得越好，用户越愿意为它花时间。而对于 B 端产品来说，效率才是产品的目标，因为 B 端产品的价值恰恰在于在尽量短的时间内抓住用户痛点。如果用户需要在某个 B 端产品上花费很多时间，那说明这个产品太难用了。

对 C 端的用户来说，易学性和易用性大于功能齐全。C 端产品具有界面结构简单明了、设计清晰、易理解及易操作的特点，通过界面元素的表意和界面提供的线索就能让用户清楚地知道其操作方式。同时，C 端产品具备的这些特性也易于缩小新用户与老用户之间的认知差距，进而提升用户体验。

针对 C 端产品的易学性和易用性的提升，设计师可以从 3 个方面入手：① 恰当的引导，通过文字提示或浮层提示来引导用户，使新用户对该产品或新增功能一目了然；② 场景指示，在相应的场景下给予用户一定的指示（如浮层提示、文字提示等），让用户更清晰地知道下一步的操作方向，如下图所示；③ 遵循已有用户习惯，用户习惯是由用户长期适应和积累而形成的，很难改变，所以尽量遵循现有主流设计习惯对于产品的易学性和易用性的提升来说是极为关键的。

下图展示的是 B 端产品的卖家界面，其搜索功能非常强大，支持各种维度的筛选。该搜索功能被直接展示出来，设计师没有将其隐藏，这样可以避免因页面的跳转而增加操作步骤。

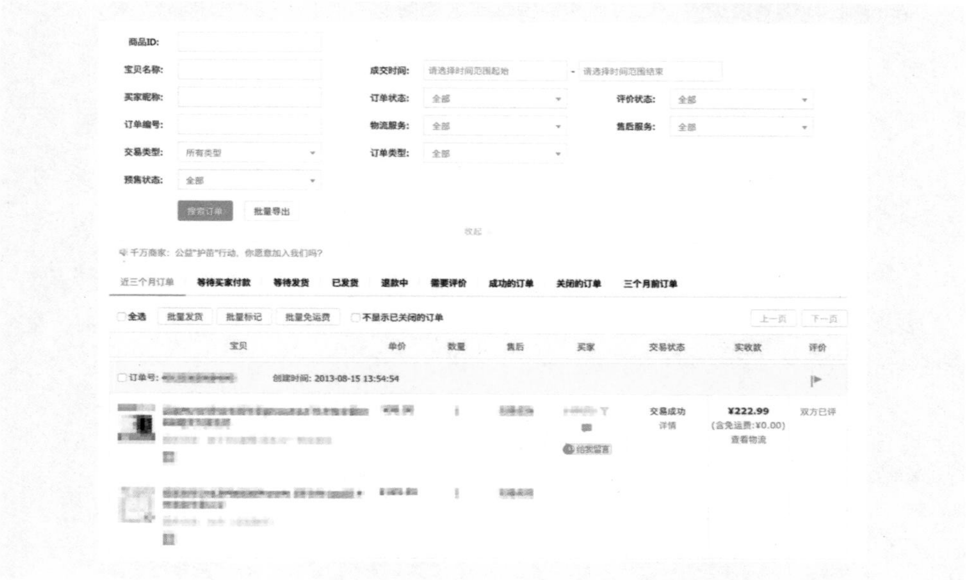

对 B 端的用户来说，功能齐全和高效性大于易用性。高效性是指通过设计帮助用户精准、快速地完成目标任务。在设计 B 端产品时，由于产品的使用场景相当复杂，用户会同时面临很多种选择，如何在复杂的界面中让用户的操作变得高效，对于设计师来说是一大挑战。

针对 B 端产品的高效性提升，设计师可以从 3 个方面入手：① 功能齐全，齐全的功能显示可以让用户快速了解其可以进行的操作有哪些；② 减少操作路径，优化用户操作路径，确保用户能用尽可能少的步骤完成需要的操作；③ 减少页面跳转，更少的页面跳转能增加页面的连贯性，减少用户的操作和记忆负担，让用户的操作过程更具连续性。

下图展示的是 C 端的买家界面，其搜索功能做得比较简单，突出了易用性。同时将高级筛选功能做了隐藏处理，减少了用户的认知和操作负担，并让用户专注于当前订单列表的主操作。

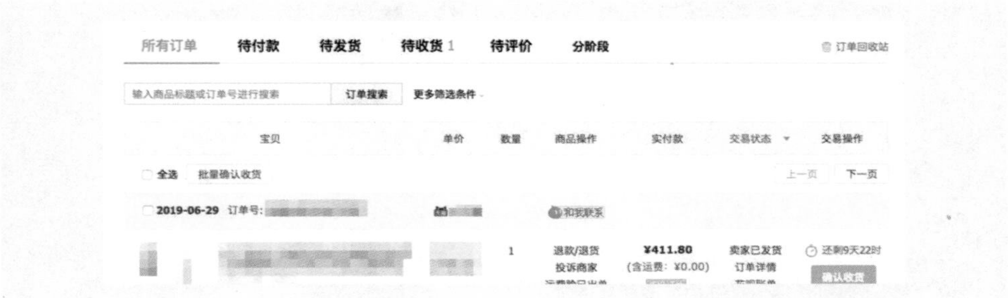

5.1.3 Web端设计原则

Web 端设计需要遵循对齐、对比和简洁这三大原则。

1. 对齐原则

用户阅读页面的时候是按照一定的视线运动轨迹进行的，只有页面信息保持对齐，才能与用户阅读过程中的视线运动轨迹保持一致，使阅读过程更顺畅。

下面，笔者将围绕表单类对齐和文本类对齐这两个方面分别讲一下对齐的技巧与方法。

表单类对齐通常有左对齐和右对齐两种形式。当用户从左往右、从上往下浏览时，左对齐可以使标题和表单输入框之间形成方便阅读的留白，如下图所示。

文本类对齐通常在标题后带有冒号，可以使标题与内容更紧密地形成一个整体，如下图所示。

---- **提示** --

这里还需要注意一点，人们在阅读信息时，视觉流往往是从左到右、从上到下呈 F 形的。当元素对齐的方式符合视觉流时，便可提升用户的阅读效率。

2. 对比原则

通过大小、颜色等视觉设计形成信息与信息之间的对比，能很好地表示不同层级结构的关系。对比设计可以从两个方面入手：一方面是字号大小对比，另一方面是颜色对比。

大小对比旨在通过形状大小展示父子级关系、并列关系及不同重要程度的层级关系，如下图所示。

颜色对比旨在通过颜色深浅展示信息的重要程度，方便用户识别哪些是重要信息，哪些是次要信息，如右图所示。

3. 简洁原则

简洁原则指的是页面信息元素、操作路径及操作逻辑要做到简明扼要，没有多余的内容或元素干扰用户阅读，方便用户理解并顺利完成操作。

简洁设计可以从 3 个方面来入手：① 界面简洁，设计师应减少界面中多余字段的干扰，对不同重要程度的字段通过对比设计来体现信息层级关系，使文案尽量简洁易懂，减少视觉干扰；② 操作逻辑简洁，设计师应让界面的操作功能和逻辑尽量简洁不复杂，并做到场景和操作逻辑的统一；③ 操作路径简短，设计师应在不影响用户操作的情况下尽量缩短操作路径。

笔者针对 Web 端的组件与设计规范进行了详细的分类，如下图所示。

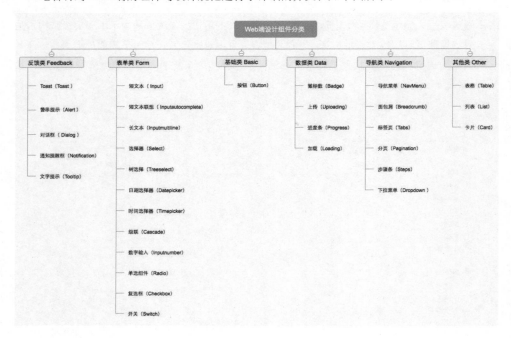

5.2 反馈类组件

　　反馈类组件就是用户执行某项操作之后系统给用户的一个响应，且这个响应会根据场景的不同而出现不同的形式，同时也会产生不同的作用。反馈类组件包括 Toast、警示提示、对话框、通知提醒框及文字提示。

5.2.1 Toast

　　用户对界面进行了某些操作之后，会出现 Toast 提示，提示一般会在 2~3 秒后消失。设计师可以通过 Toast 中的提示语告知用户需要了解的信息，让用户的行为在过程中得到反馈。

Toast 提示分为常规类提示、成功类提示、警示类提示及失败类提示 4 种。其组件样式有两种，即可以通过点击操作使其消失的组件和不可以通过点击操作使其消失的组件，如下图所示。

使用场景：① 可提供成功、警告或失败等反馈信息；② 顶部居中显示并自动消失，是一种不打断用户操作的、轻量级的提示方式。

用户在使用简书时，如果没有上传专题封面就点击创建专题按钮，会出现要求先上传专题封面才能创建专题的 Toast 提示，如下图所示。

5.2.2 警示提示

当用户进行某种操作时，网站可能会出现警示提示，并且该提示信息不会主动消失。

警示提示包括常规类提示、警告类提示和失败类提示3种。警示提示可以不含有图标操作，如果含有图标操作的话，一般警示性会更强。Alert 警示组件样式有两种，即带有删除操作的组件和不带有删除操作的组件，如下图所示。

使用场景：① 当某个页面需要向用户显示警告信息时；② 非浮层的静态展现形式，会始终展现且不会自动消失，不过有的组件用户可以点击关闭。

用户在使用淘宝网时，将购物车内的宝贝删除之后会出现 Alert 警示提示，如下图所示。

5.2.3　对话框

对话框的作用是提示用户当前操作，或是提供完成某个任务所需要的一些额外的信息。对话框可以用"确定/取消"这样简单的应答模式，也可以是自定义的复杂模式，如表单的填写等。

使用场景： ① 在用户进行重要操作时，需要进行二次确认；② 用于重要的反馈提示，确保用户知道提示信息；③ 承载少量的表单填写类功能，减少页面的跳转。

---- **提示** --

Windows 系统的"确定"按钮一般在左边，而 macOS 系统的"确定"按钮一般在右边。微博和微信公众号后台对话框的"确定"按钮在左边，而淘宝网对话框的"确定"按钮在右边。

微信公众号的对话框是小浮层弹窗，这种形式避免了遮罩的出现，同时对话框也出现在操作按钮的附近，对用户的干扰也最弱，如下图所示。

下图所示的提示类对话框、轻量级提示类对话框及表单类对话框都是基于二次确认类对话框样式的改变而得到的。

5.2.4　通知提醒框

通知提醒框悬浮出现在网页右上角，用于全局的提醒式通知，如服务器异常、操作失败等提醒通知。

使用场景：① 较为复杂的通知内容；② 带有交互的通知，给出用户下一步的行动点；③ 系统主动推送。

通知提醒框一般出现在网页右上角，在 4~5 秒后消失，并且用户可以点击"×"图标将其关闭，如下图所示。

5.2.5　文字提示

文字提示是一种简单、轻量级的提示组件。

使用场景：① 鼠标指针移入则提示立即显示，移出则立即消失，不承载复杂文本和操作；② 常用于操作按钮的文字说明。

还有一种浏览器自带的文字提示组件，它与本节所讲的文字提示组件是有区别的，在使用中，一般移入鼠标指针 2 秒后提示才出现。而本节所介绍的组件在使用中，鼠标指针移入后提示会立即出现，且其组件风格与浏览器自带的组件风格完全不一样，如下图所示。

文字提示组件根据需要解释说明的对象位置的不同，可以出现不同的样式，如下图所示。

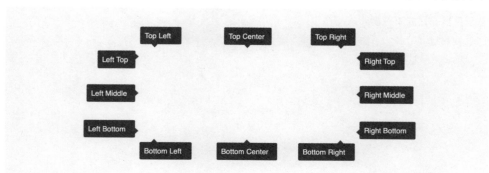

5.3　表单类组件

表单类组件在网页中主要用于让用户填写并输入数据，然后将数据提交到数据库，其主要作用是采集数据。

5.3.1　短文本

短文本组件用于用户的输入文本，并将其以字符串的方式提交到数据库。

使用场景：① 用户需要输入字符时；② 通过鼠标、键盘输入内容；③ 输入的文本置于输入框中。

网易考拉优惠券兑换的表单填写就属于短文本表单组件，前面是标题，后面是文本输入框，如下图所示。

短文本组件的展示形式可以分为 3 类：第 1 类是标题和输入框左右排列，第 2 类是标题和输入框上下排列，第 3 类是无标题排列。

当标题和输入框左右排列时，短文本组件存在的状态有初始态、激活态、报错态、完成态及禁用态，如下图所示。

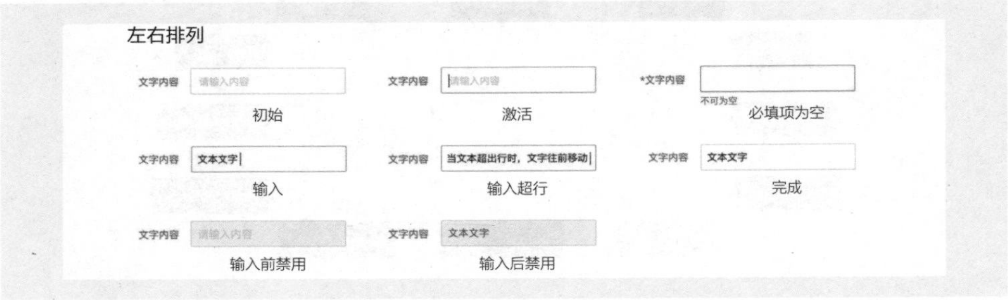

常见的表单类组件是左右排版的样式，同时表单之间的标题和输入框大都采用左对齐的样式。标题名字过长时，左右排列的样式不太便于阅读，这时候需要采用上下排列的样式，如下图所示。

当标题和输入框上下排列时，各种存在状态与左右排列是一致的，如下图所示。

当没有标题时，输入框的存在状态与左右排列时的规则和逻辑一致，如下图所示。

5.3.2　短文本联想

短文本联想组件用于用户文本输入场景，在输入过程中组件会联想匹配文本选项，并以字符串的方式将输入的内容提交到数据库。

使用场景：① 需要用户输入文本时；② 需要提供联想匹配文本，以减少用户输入成本时；③ 在输入过程中根据用户输入的内容出现匹配选项，提交的数据是文本而非枚举项时。

用户在使用百度搜索时，在输入框中输入关键词，会出现对应的联想匹配文本，如下图所示。

与短文本组件相比，短文本联想组件唯一的不同点就是新增了联想匹配功能。短文本联想组件提交的是文本而非枚举项。

标题和输入框左右排列时，短文本联想组件存在的状态有初始态、激活态、报错态、完成态及禁用态，如下图所示。

左右排列

文字内容　请输入内容	文字内容　请输入内容	*文字内容
初始	激活	不可为空　必填项为空

文字内容　文本|
文本输入
文本联想
文本链接
文本文字
输入联想匹配

文字内容　文本文字
点击匹配选项，浮层收起，完成态。

文字内容　当文本超出行时，文字往前移动|
超行时，文字往前面移动

文字内容　请输入内容
输入前禁用

文字内容　文本文字
输入后禁用

标题和输入框上下排列与左右排列时所包含状态的规则和逻辑一致，如下图所示。

上下排列

文字内容
请输入内容
初始

文字内容
请输入内容
激活

*文字内容

不可为空
必填项为空

文字内容
文本|
文本输入
文本联想
文本链接
文本文字
输入联想匹配

文字内容
文本文字
点击匹配选项，浮层收起，完成态。

文字内容
当文本超行时，文字往前移动|
超行时，文字往前面移动。

文字内容
请输入内容
输入前禁用

文字内容
文本文字
输入后禁用

当没有标题时，组件的各种状态与左右排列时的规则和逻辑一致，如下图所示。

5.3.3　长文本

长文本组件用于用户长文本输入的场景，并将输入的内容以文本的方式提交到数据库。

使用场景：① 输入多段文字时；② 需要换行时；③ 输入的文本置于输入框中时。

当用户想要在新浪微博中发微博时，一般都需要输入长文本且有换行需求，如下图所示。

在标题和输入框左右排列时，长文本组件存在的状态有初始态、激活态、报错态、完成态及禁用态。同时，组件在输入过程中一般会进行字数统计，超过限制字数则不允许用户输入，如下图所示。

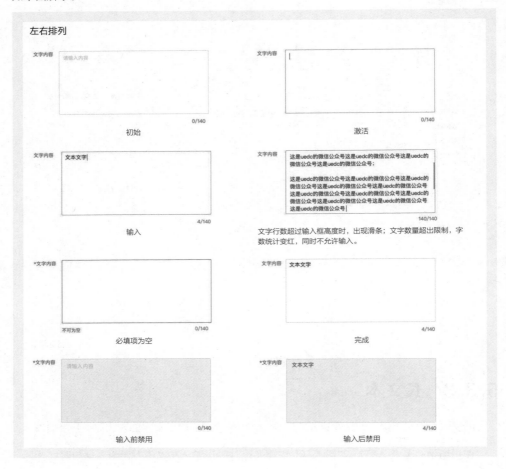

标题和输入框上下排列时与左右排列时所包含状态的规则和逻辑一致，如下图所示。

上下排列

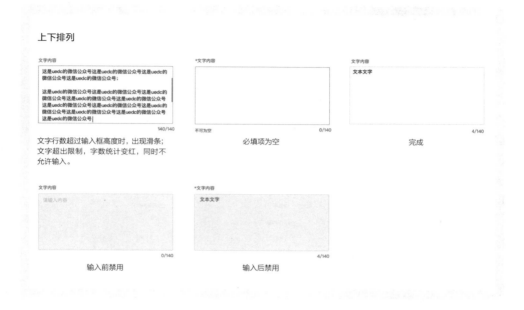

文字行数超过输入框高度时，出现滑条；
文字超出限制，字数统计变红，同时不
允许输入。

当没有标题时，组件存在的状态与左右排列时的规则和逻辑一致，如下图所示。

不含标题

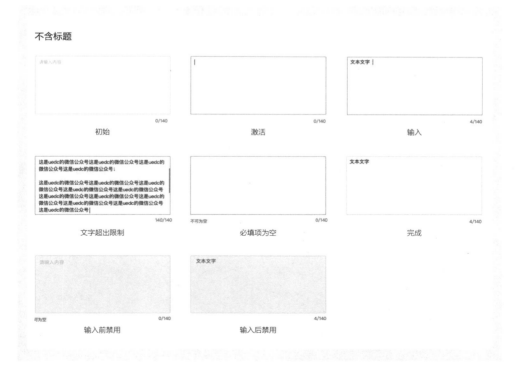

5.3.4　选择器

用户通过枚举源选择器选择枚举项，并提交到服务器，之后后端对枚举项进行存储。一般来说，选择器分为多选和单选两大类。

使用场景：① 弹出一个下拉选项供用户选择；② 当选项较少时（一般指的是选项少于 5 项时），建议直接将选项平铺，并使用 Radio 单选框。

用户在使用淘宝网时，当卖家在后台筛选订单并单击选择器时会出现下拉列表，如右图所示。

下图为选择器的基础样式，就是简单的下拉选项，不可进行关键词的搜索。

下图是可以进行搜索操作的选择器，当输入框处于激活态时，会显示出下拉列表。在输入过程中会出现匹配枚举项，单击枚举项则输入的关键词被清空，同时下拉选项收起，输入框中会出现已选择的选项。

当用户需要将填写的选项设为空选项时，则需要设置空值的选项，如下图所示。

当用户选择了一个选项，但是后面想去掉已经选择的选项，则可以用鼠标指针悬停在选择框上，单击"×"图标并清除选项，如下图所示。

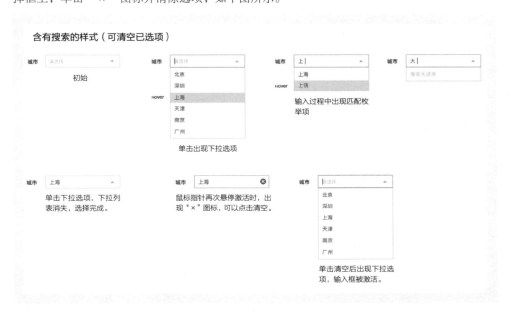

使用多选选择器组件需要注意一点，在用户输入关键词时，选择对应下拉选项，则输入的字符串被清空，同时出现该选项 Tag，如下图所示。

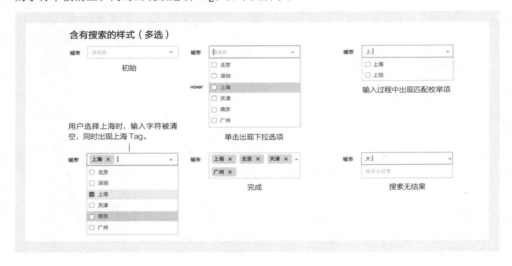

5.3.5　树选择

树选择组件是一种具有层级关系的选择器。

使用场景：① 需要使用选择器，同时可以提供具有层级结构的枚举项时；② 弹出一个下拉选项供用户选择；③ 具有单选和多选的功能。

用户在某知名企业社会招聘网站中搜索关键词时，可以对搜索结果进行二次筛选，常见的使用树选择组件进行选择的项有行政区划、组织架构等，如下图所示。

树选择组件包括带搜索、可选择空选项、可清空已选项和多选这4种样式。

基础样式的树选择组件只能选择枚举项，而不支持在选择框中进行关键词搜索，且为单选样式。当用户选择选项后，浮层会收起，表单变为完成态。

选项内部的层级结构应该展开还是收起，则主要根据父子层级结构来决定。例如，在选项中罗列的省市比较多的情况下，如果默认展开选项，用户查找起来会很困难，收起选项的话则可以让用户快速地找到，再次单击可快速找到城市，如下图所示。

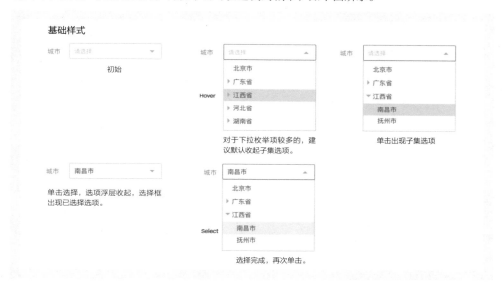

在使用带搜索样式的树选择组件时，选择框支持搜索功能。用户在输入字符串的过程中，枚举项会进行动态匹配且展开匹配的子集。当搜索无结果时，会出现搜索无结果提示，且单击时无交互效果，如下图所示。

在使用可选择空选项样式的树选择组件时，如果用户选择空值，则提交的数据为空，如下图所示。

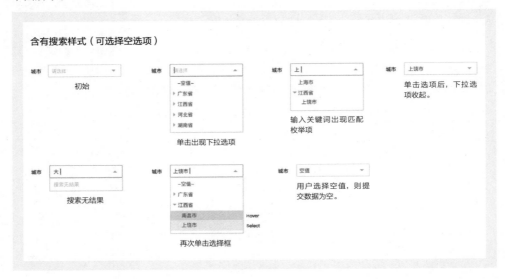

在使用可清空已选项样式的树选择组件时，可提供给用户清空已选择选项的机会。用户如果已选择选项，那么鼠标指针悬停会出现"×"图标，单击"×"图标，则可以清空选择框，如下图所示。

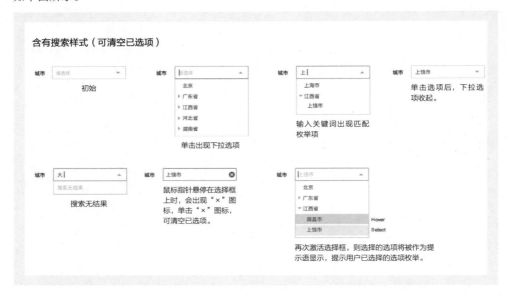

　　在使用多选样式的树选择组件时，用户输入字符串，选项中会出现匹配选项，枚举项会进行动态匹配且会展开匹配的子集。用户单击复选框，输入框将出现选项 Tag，同时输入框被清空。单击选择器或选择浮层以外的其他区域则可以收起浮层，且树选择器变为完成态，如下图所示。

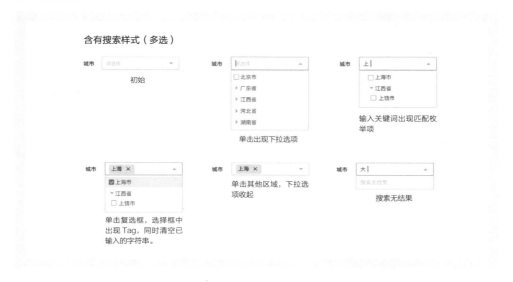

5.3.6　日期选择器

　　日期选择器是一种选择日期的组件。

　　使用场景：① 当用户需要填写年月日或年月时；② 单击选择框，出现日期选择浮层。

　　用户在 Boss 直聘中填写表单时，使用的就是 Datepicker 日期选择器，如下图所示。

日期选择器组件分为基础、年月及时间段这 3 种样式。

基础样式的日期选择器组件为非时间段日期选择器。用户单击选择框，出现日期选择浮层，默认停留在当天的日期。用户未选择时，"清空"按钮默认置灰；用户选择后，"清空"按钮恢复正常状态，如下图所示。

年月样式的日期选择器组件只能选择年月。当用户激活输入框时，会出现年月选择浮层，且会默认停留在当前月份，"清空"按钮默认置灰。用户单击选择时，浮层收起，选择框出现已选择的年月信息，如下图所示。

年月样式

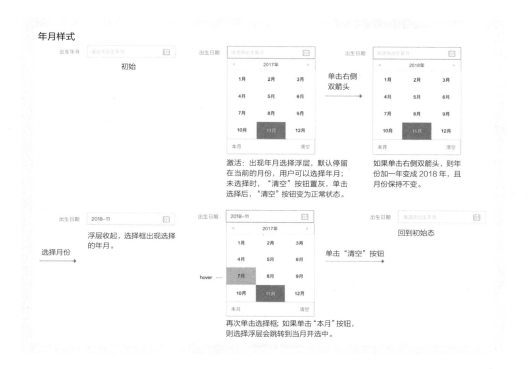

时间段样式的日期选择器组件在时间段选项中会多出"至今"这一选项。如果用户选择"至今"选项，则结束时间会显示为"至今"，如下图所示。

时间段样式

5.3.7 时间选择器

时间选择器用于让用户选择具体的某个时间点。

使用场景：当用户需要选择具体的"时/分"信息时，单击选择框，会出现时间选择浮层。

用户在使用微信公众号后台定时群发消息功能时，可选择具体的发送时间，单击后会出现下拉选项，如下图所示。

时间选择器组件分为基础样式、分钟刻度样式及日期和时间组合样式。

用户使用基础样式的时间选择器组件时，单击选择框，会出现时间选择浮层，用户可以通过上下滚动鼠标滚轮来选择具体的时间点，如下图所示。

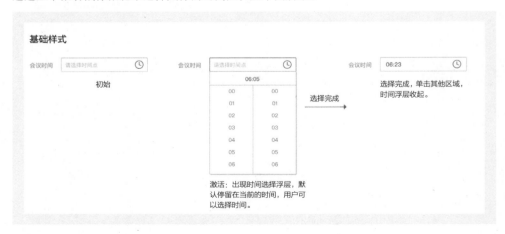

　　分钟刻度样式的时间选择器组件主要应用于需要选择具体到分钟的时间时因选项太多而让人感觉比较麻烦的场景中。单击选择框，出现时间选择浮层，这时用户可通过上下滚动鼠标滚轮来选择所需的时间点，如下图所示。

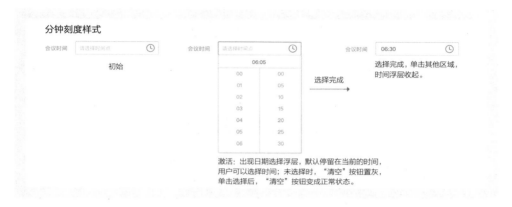

　　日期和时间组合样式的时间选择器组件应用于既要提交日期又要提交时间的场景。在这种情况下，设计师可以用两个表单设计，将 Datepiecker 和 Timepicker 两者组合，也可以在一个表单上完成。如下图所示，用户在选择了日期后，会出现时间选择浮层。

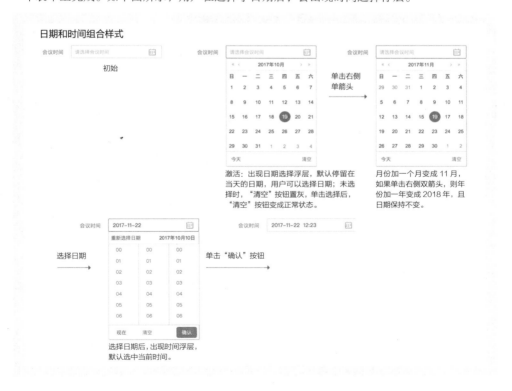

5.3.8 级联

级联组件是一个存在父子层级关系的选择枚举组件。

使用场景： ① 用于含有层级关系的选择枚举场景，如省市、组织架构及不同导航层级等；② 单击激活选择框，出现级联选择浮层。

用户在使用 Boss 直聘时，首页的搜索框会前置其所在城市，单击城市后出现城市选择组件，同时鼠标指针悬停出现下级选项，如下图所示。

级联组件分为基础样式、清空样式和可选择空选项样式。

基础样式的级联组件只能选择枚举项，不支持在选择框中进行关键词搜索，且为单选样式。用户选择选项后，浮层收起，表单变为完成态。存在下级菜单的选项会带有右箭头，提示用户含有下一级选项，鼠标指针悬停则出现下一级选项，如下图所示。

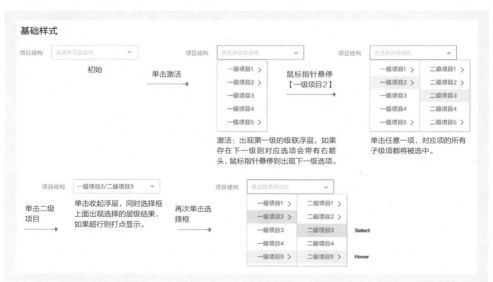

　　清空样式的级联组件让用户可以使用空选项填写表单，防止用户输入数据后无法取消所输入的数据。组件在激活后会出现第一级的级联浮层，如果存在下一级则对应选项会带有右箭头，鼠标指针悬停则出现下一级选项。针对含有清空选项的枚举项，用户在选择清空选项后则提交的数据为空，如下图所示。

　　可选择空选项样式的级联组件可让用户通过搜索快速查询到所需要的枚举项。输入关键词，出现的下拉菜单会以路径的形式展示，且匹配的关键词呈现高亮状态，如下图所示。

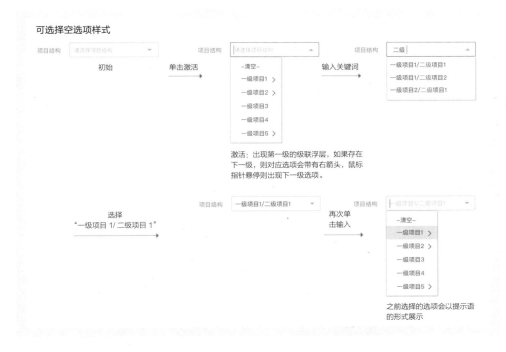

5.3.9 数字输入

数字输入是仅允许输入数值的组件，如果涉及日期的话，则数值以年份日期的数据形式进行存储。例如，假设今年是 2018 年，数字输入组件中输入的工作年限为 5 年，则后端储存为 2013 年，到了 2019 年数值变为 6 年。

使用场景：① 当用户需要输入数值时；② 仅支持数字格式。

数字输入组件分为基础样式和变种样式。

基础样式的数字输入组件只能输入数值，当用户输入其他格式的数据时，会出现报错提示，同时输入框的输入内容被清空，如下图所示。

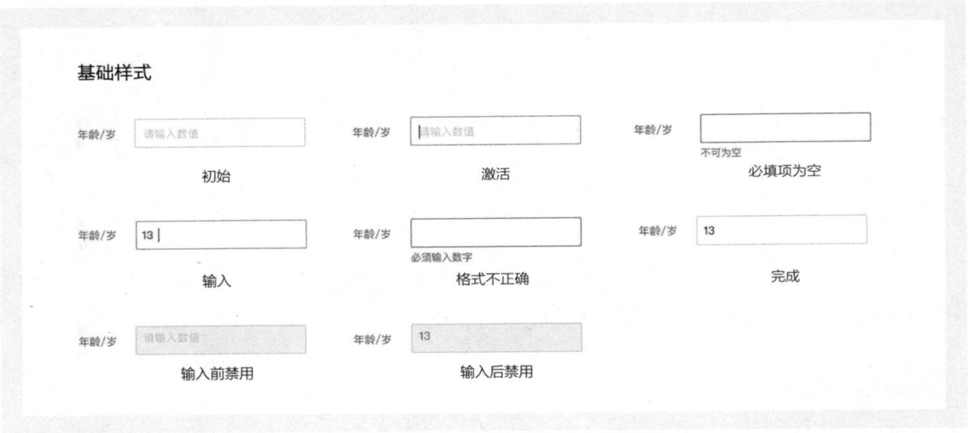

在数值含有百分比并需要将百分号体现出来的情况下，就要用到变种样式的数字输入组件了，如下图所示。

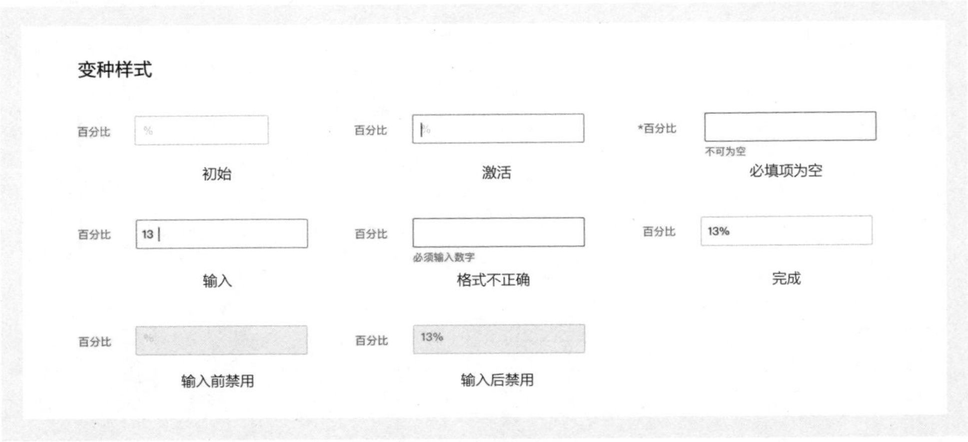

5.3.10　单选组件

单选组件包含一组互斥的选项，仅供单选。

使用场景： ① 选项低于 5 个且为单选的情况；② 区别于 Select 且选项全部展示出来的情况。

当用户在 Boss 直聘中填写个人信息时，性别选择就是一个 Radio 单选组件，如右图所示。

单选组件分为基础样式和变种样式。

在使用基础样式的单选组件过程中，当用户需要进行单选且选择项比较少时，则应使用单选组件将所有选择项都展示出来，如下图所示。

在使用变种样式的单选组件时，选项和控件合为一体，整体更直观，如下图所示。

5.3.11　复选框

复选框是对于同一组选项可以选择多项的组件。

使用场景： ① 一组选项中可进行多项选择的情况；② 需要表示在两种状态之间切换的情况（需单独使用）。

复选框组件分为基础样式和单独使用样式。

基础复选框组件应用于需要选择多个选项的场景，如下图所示。

单独使用样式的复选框组件应用于在选中或非选中两种状态之间切换的场景，如下图所示。

5.3.12　开关

开关组件的主要作用是对开启或关闭两种状态进行选择。

使用场景：① 需要表示开关状态或在两种状态之间切换的情况；② 表示两种相互对立的状态进行切换的情况。

开关组件分为基础样式、带有文字样式及禁用样式。

基础样式开关组件的"打开 / 关闭"命令的默认状态是根据业务需求决定的，如下图所示。

带有文字样式的开关组件的"打开 / 关闭"命令的默认状态也是根据业务需求决定的，且开关控件上有文字提示该控件的状态，如下图所示。

禁用样式的开关组件不可操作，只可查看按钮的开关状态，如下图所示。

5.4　基础类组件

基础类组件是 Web 端网站的基本组成元素，主要为按钮样式，且一般为执行下一个操作的入口按钮。

使用场景： ① 执行对象为一个流程对象；② 操作按钮。

按钮组件有面形、线形、图标及文字 4 种样式。

面形按钮一般用于重要性较高的操作场景，如下图所示。

线形按钮一般用于重要性较低的操作场景，如下图所示。

用户通过图标按钮操作时，鼠标指针悬停在图标上面，将出现提示框提示该图标的操作，如下图所示。

文字按钮主要通过文字链显示，视觉效果弱于面形按钮和线形按钮，如下图所示。

5.5 数据类组件

数据类组件包括徽标数、上传、进度条及加载 4 种。

5.5.1 徽标数

徽标数组件可以通过数字或红点提示用户消息或状态等。

使用场景：① 一般出现在通知图标或头像的右上角，显示需要处理的消息条数，通过醒目的视觉形式提醒用户处理；② 提示用户有更新的信息。

用户在使用知乎时，知乎的消息提醒和私信都是通过徽标数来提示用户待处理事项的数量，如下图所示。

徽标数组件有数字、红点和自定义 3 种样式。

数字样式的徽标数组件提醒性较强，方便用户知道相关的提示信息数量，并引导用户进行处理，如下图所示。

红点样式的徽标数组件提示性较弱，只告知用户有相关的提示消息，而不说明具体的数量，需要用户手动消除，如下图所示。

自定义样式的徽标数组件通过自定义的样式提示用户并达到产品目标，如下图所示。

5.5.2　上传

上传组件允许用户以单击或将文件拖入指定区域的方式把本地文件上传到服务端。

使用场景：① 需要上传一个或多个文件及图像的情况；② 当需要展现上传的进度时。

上传组件可分为单击上传、拖曳上传及图片上传 3 种样式。

在使用单击上传样式的上传组件时，鼠标指针悬停在上传列表上会出现删除按钮，单击按钮会直接删除上传记录，无须二次确认。同时，在未上传完成的情况下不显示上传的时间，如下图所示。

拖曳上传样式的上传组件支持拖曳文件并进行上传，如下图所示。

在使用图片上传样式的上传组件时，当图片上传完成后，鼠标指针悬停在组件上出现删除图标。当图片数量达到上限时，添加操作将被隐藏，如下图所示。

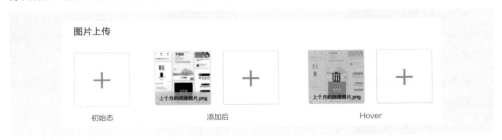

5.5.3　进度条

进度条是用于展示操作进度、告知用户当前和预期状态的组件。

使用场景：上传、下载过程中由于需要较长时间的等待，需要一个进度条来展示当前情况。

进度条有线形和圆形两种样式。

线形进度条始终从 0% 到 100% 显示，不会从高到低反着来显示，如下图所示。

圆形进度条为环状，0% 为起始态，100% 为完成态，如下图所示。

---- **提示** --

在交互设计中，一个进度只能由一个活动指示器呈现，不能既使用线形进度条又使用圆形进度条。

5.5.4　加载

用户在网页上进行操作，网页发送请求到服务器，服务器处理请求，返回数据到网页并显示给用户，这一过程被称为"加载"。由于加载过程会花费一定的时间，因此需要用加载动效来缓解用户的焦虑感，并起到提示用户正在进行加载的作用。

使用场景：当页面局部处于等待异步数据或正在执行渲染的过程时，合适的加载动效可以有效地缓解用户的焦虑情绪。

加载组件分为全屏加载、分步加载及组件加载 3 种样式。

在使用全屏加载样式的加载组件时，需要等待整体页面和所有信息加载完成，页面才向用户展示。全屏加载组件可以含有进度显示，也可以不含有进度显示，如右图所示。

在使用分步加载样式的加载组件时，页面会先加载文字再加载图片，如下图所示的淘宝网的网页。

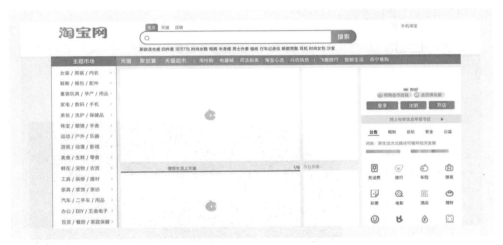

在使用组件加载样式的加载组件时，常见的是用户单击操作按钮执行操作，这时候有一个等待加载提交的过程。在这种情况下，在组件中展示加载动效，可以减少对页面的视觉的干扰，如右图所示。

5.6　导航类组件

导航系统相当于整个网站的主架构，起着组织内容和功能的作用，让它们按照产品的信息架构图进行连接，并展现在用户面前，方便用户快速地在网站中对需要查看的信息进行切换。导航类组件包括导航菜单（Navmenu）、面包屑（Breadcrumb）、标签页（Tabs）、分页（Pagination）、步骤条（Steps）及下拉菜单（Dropdown）这6种样式。

5.6.1　导航菜单

导航菜单将网站的信息架构分组归类并以导航的形式展示给用户,方便用户查找所要获取的信息。

使用场景: ① 需要提供一个流量分发的入口时;② 网站各个功能需要聚合分组时。

导航菜单组件包含顶部导航、侧边栏导航及混合式导航 3 种样式。

顶部导航样式的导航菜单组件是目前较常见的网站主导航模式,一般会带有个人中心,如下图所示的拉勾网网页中的顶部导航。

如果导航里存在二级导航,则可以聚合在下拉菜单中,鼠标指针悬停在选项上则出现下拉菜单,选择下拉菜单里面的选项,则导航栏的标题变为对应选择的导航标题,如下图所示。

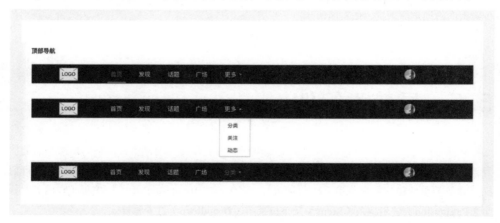

　　侧边栏导航样式的导航菜单组件多用于二级导航。对侧边栏导航里面的功能一般会进行分组，且一般以默认的形式展示出来。为了节省内容区域空间，有的侧边栏导航会提供"点击收起侧栏"功能。同时，侧边栏导航的一级标题在没有承载页面的情况下通常为置灰效果，而且单击后无交互效果，如下图所示。

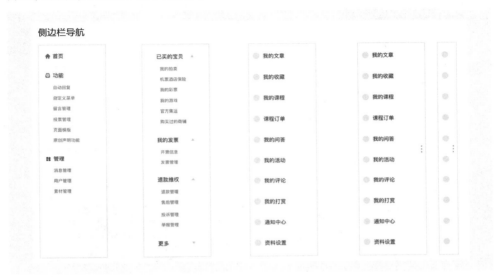

　　混合式导航样式的导航菜单组件一般用于复杂的、多类目的网站结构。默认只出现一级分类，当鼠标指针悬停于一级分类上，会出现对应的下一级分类，如下图所示。

5.6.2　面包屑

面包屑是能显示当前页面在系统层级导航中的结构和层级，并能进入各个路径结构的导航。

使用场景：① 当系统拥有超过两级的层级结构时；② 告诉用户所处的层级；③ 灵活地在各个路径层级中切换。

用户在美团网中单击"北京美食"进入某一个产品的详情页，就会出现面包屑导航，如下图所示。

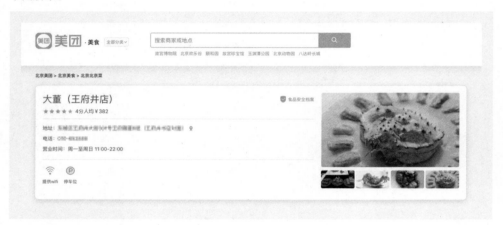

面包屑导航组件包括基础样式和超长路径样式。

基础样式的面包屑导航组件是较为常见的样式，一般在路径较短的情况下使用，如下图所示。

超长路径样式的面包屑导航组件全路径很长，需要收起时一般用 3 个点表示，单击 3 个点可展开详情内容，如下图所示。

5.6.3 标签页

标签页是用于并列层级切换的导航组件。

使用场景：① 非主导航；② 切换页面视图；③ 并列层级切换的小导航类。

用户在使用美团网后台的"我的订单"功能时，通过标签页可以快速地切换不同导航下的视图，如下图所示。

标签页分为基础样式和侧边栏样式。

基础样式的标签页又分为含图标的和不含图标的两种样式。含有图标的标签页导航的视觉效果更明显，如下图所示。

侧边栏样式的标签页可定位页面内容，即点击图中的标签页 2，则页面固定到标签页 2 的内容，也可以用于不同视图的切换，如下图所示。

5.6.4 分页

分页是用于列表、Feed 流分步加载的组件。

使用场景： ① 信息量过大，加载时间过长时；② 快速切换其他加载部分的组件。

用户在使用百度搜索时，底部就有分页组件。有了分页组件，网页不需要一次性把所有的信息都加载出来，从而提升产品的性能。同时，用户可以在不同部分的信息之间高效、快捷地进行切换，如下图所示。

分页组件包括基础样式、跳转样式及自定义页面列表样式。

基础样式的分页组件是最简单的分页组件，用户通过单击页码、上一页和下一页完成切换。当用户在第 1 页时，没有上一页操作。设计师在设计时应使分页有 6 个跳转页，让同时处于选中态的分页位于第 2 个，如下图所示。

跳转样式和基础样式分页组件唯一的不同是跳转样式增加了输入页数进行跳转的功能，同时当用户处于第 1 页时，上一页按钮置灰，如下图所示。

自定义页面列表样式的分页组件可以让用户自定义一个页面的列表展示多少条内容，如下图所示。

5.6.5 步骤条

步骤条是引导用户按照流程完成任务的导航类组件。

使用场景：① 复杂任务需要分拆步骤时；② 不低于两步的导航内容。

步骤条组件分为横向和纵向两种样式。

横向样式的步骤条组件适用于步骤较少的业务场景，如下图所示。

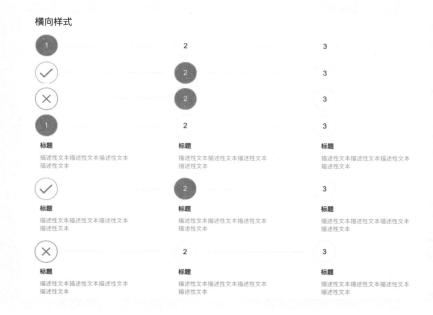

纵向样式的步骤条组件适用于有较多步骤的业务场景,如下图所示。

5.6.6 下拉菜单

下拉菜单的工作原理是将功能入口聚合并隐藏,同时通过下拉菜单也能调出功能入口。

使用场景:适用于需要将各种操作和功能入口聚合并隐藏的场景。

鼠标指针悬停或单击可调出下拉菜单,单击下拉菜单里面的选项,就可以进入对应选项的界面,如右图所示。

5.7 其他类组件

这里所谓的其他类组件包含标签(Tag)、表格(Table)、列表(List)和卡片(Card)。

5.7.1　标签

标签是用于标记和选择的组件。

使用场景：① 标记属性时；② 多选展示标记时。

用户在使用大众点评网首页的家装业务模块时，标题除了给信息标记属性，还可以让用户单击标签进入对应的分类类目中，如下图所示。

标签组件分为基础、筛选及添加 Tag 这 3 种样式。

基础样式的标签组件又可分为 3 种，即面性标签、线性标签和可删除标签，如下图所示。

筛选样式的标签组件允许用户通过单击标签选择对应标签属性的筛选结果，可多选。用户单击选中，再次单击即取消选中，如下图所示。

添加 Tag 样式的标签组件含有添加 Tag 的按钮，点击该按钮激活输入框，输入完成后用鼠标单击其他区域或按回车键即可完成添加。添加 Tag 按钮始终位于已添加的 Tag 之后。如果添加的 Tag 超过数量限制，则添加按钮消失，如下图所示。

5.7.2　表格

表格是展示列表数据并可能附带操作列表集合的组件。

使用场景：① 当有大量结构化数据时；② 结构化数据需要进行排序、筛选及其他操作时。

表格组件分为操作、批量和链接 3 种样式。

操作样式的表格组件含有操作的列表，如下图所示。

操作样式

标题文字	标题文字	标题文字	操作
内容文字	内容文字	标题文字	编辑　删除
内容文字	内容文字	标题文字	编辑　删除
内容文字	内容文字	标题文字	编辑　删除
内容文字	内容文字	标题文字	编辑　删除
内容文字	内容文字	标题文字	编辑　删除

批量样式的表格组件支持批量操作。当未批量勾选时，批量操作按钮不出现，如下图所示。

批量样式

☐ 标题文字	标题文字	标题文字	操作
☐ 内容文字	内容文字	标题文字	编辑　删除
☐ 内容文字	内容文字	标题文字	编辑　删除
☐ 内容文字	内容文字	标题文字	编辑　删除
☐ 内容文字	内容文字	标题文字	编辑　删除
☐ 内容文字	内容文字	标题文字	编辑　删除

在使用链接样式的表格组件时,单击带有颜色的文字链接,即可打开新标签页并查看详情,如下图所示。

链接样式			
标题文字	标题文字	标题文字	操作
内容文字	内容文字	标题文字	编辑 删除
内容文字	内容文字	标题文字	编辑 删除
内容文字	内容文字	标题文字	编辑 删除
内容文字	内容文字	标题文字	编辑 删除
内容文字	内容文字	标题文字	编辑 删除

5.7.3 列表

列表是可区分信息层级的展示页面。

使用场景:① 通常展示关键字段、图片等;② 在详情界面中。

用户在使用网易邮箱时,鼠标指针悬停在邮件列表上会出现悬停效果,单击可进入邮件详情页,如下图所示。

列表组件分为基础和操作两种样式。

基础样式的列表组件通常展示详情的重要字段信息。鼠标指针悬停在列表上会出现悬停效果,单击可进入详情页,如下图所示。

操作样式的列表组件可以让用户在列表上进行操作，如下图所示。

5.7.4　卡片

卡片是信息聚合的容器。

使用场景：① 信息需要分组并区分层级时；② 展示关键字段信息时。

用户进入淘宝网的搜索结果页面后，不同商家的产品会以卡片的形式展示出来，如下图所示。

卡片组件分为文字和图文两种样式。

文字样式的卡片组件由纯文字聚合成卡片，如下图所示。

图文样式的卡片组件含有图片和文字，如下图所示。

第 6 章

交互原型图的
设计规范与方法

6.1　交互原型图的设计规范

在本节笔者将以酷狗 K 歌 iOS 版（虚构）为例，对交互原型图的设计规范进行深入讲解，主要包含以下 10 个方面。

6.1.1　明确主场景和适用人群

移动互联网的快速发展带来了传统业务形态的变革，满足人们不同需求的移动端应用应运而生。K 歌类移动端应用以满足用户的 K 歌需求为核心，凭借精准的 K 歌工具属性赢得众多唱歌爱好者的追捧。手机 K 歌应用凭借着便利性和丰富的扩展功能，使得与之相关的业务形态及商业模式也愈加成熟。

用户在进行 K 歌时，一般希望得到别人的认可，并存在一种竞争心理，所以移动 K 歌应用已经成为以 K 歌为核心的泛娱乐平台，在集成原有 K 歌工具性能的基础上，移动 K 歌平台已开拓出道具打赏、游戏联运、智能硬件及线下 KTV 经营等多元化的变现路径。

早从 2016 年，唱吧、全民 K 歌和爱唱这 3 款应用的人均单日使用次数均超过 6 次，其中唱吧的日使用次数最多（高达 6.4 次）。人均单日使用时长方面的数据集中度较高，全民 K 歌、演唱汇、酷我 K 歌及移动练歌房这 4 款应用的均在 30~40 分钟。其中，爱唱和唱吧的人均单日使用时长最为突出，分别高达 53.84 分钟和 50.77 分钟。在丰富曲库、及时更新及专注打造 K 歌工具的基础上，各移动 K 歌应用通过新增以歌会友、视频直播及视频合唱等社交功能的方式提升用户黏性。现阶段，K 歌、直播和交友已成为移动 K 歌平台的标配功能。

以下展示的是 2018 年第 3 季度中国主流移动 K 歌应用活跃用户排名。

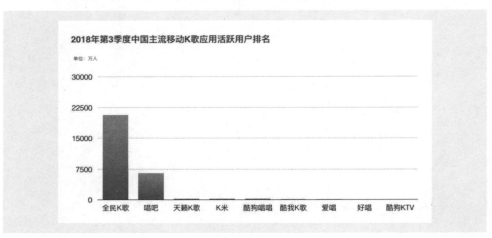

笔者对产品应用的主场景和适用人群的分析总结如下。

1．适用人群

热衷于唱歌的用户及渴望得到展示舞台的人。

2．痛点

喜欢唱歌，但只在KTV有机会唱；喜欢唱歌，但周边朋友喜欢唱歌的不多；唱歌水平太差，但苦于没地方、没时间练习；唱功较好，但是找不到自我展示的舞台。

3．解决方案

从工具层面切入，给用户提供K歌练习和录制的工具。但也不单纯是工具，用户在通过工具录制作品期间，可通过合唱等方式与其他用户互动。录制完成后上传、分享作品，获得其他用户的赞赏和奖励。与别的K歌者同场竞技，从而提高唱歌水平。大量的高质量作品又给用户提供内容，产品也从工具层面转向社交层面，从用户内容输入到输出形成一个完美的闭环。

4．定位

酷狗K歌可以被认为是一个垂直兴趣（唱歌）的用户原创内容社区。用户生产内容并进行内容的消费，从而获得更多的认可和赞赏。酷狗K歌可以提供更好的工具给用户，让用户在平台玩得更愉快。

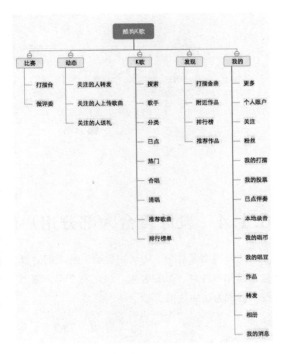

6.1.2　信息结构合理化

通过明确主场景、适用人群、痛点、解决方案及定位，并基于酷狗K歌的现有业务，可以形成一套完整的产品架构。"比赛""动态""K歌""发现"及"我的"这5大模块从K歌到发现推荐，再到社交，形成了一套完整的闭环，如右图所示。

6.1.3　流程设计简单合理化

产品应尽量用最简单合理的交互方式满足业务需求，这样用户使用起来会更方便，用户体验也会得到提升。

流程设计如果要简单合理化，通常有3种表现方式：① 操作路径简化，主要是简化不必要的步骤；② 一个界面尽量只做一件事情；③ 保持操作逻辑和主流 App 一致，同时要贴合用户的生活认知习惯。

如下图所示的"做评委"页面，针对一组比赛，用户可通过左右滑动卡片来进行不同组的切换。这样的设计高度模拟了现实中卡片的实际使用场景，使得界面操作简单、有趣，同时提供了文字按钮，进一步方便用户进行不同组的切换，让用户有更多的选择。整个页面让用户基本就做一件事，那就是做评委，不存在其他功能操作的干扰，操作起来简单、方便。

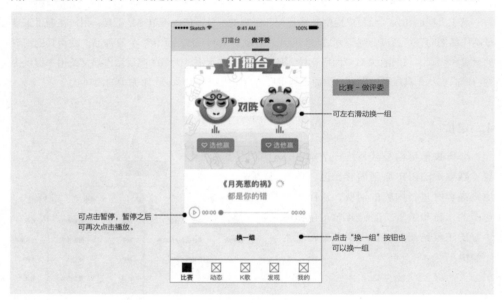

6.1.4　设计符合大部分用户的认知模型

认知模型又称为 3M 认知模型，是人们对真实世界的认知过程的模型。所谓认知，通常包括感知与注意、知识表示、记忆与学习、语言、问题求解和推理等方面，建立认知模型的技术被称为认知建模。

这里所讲的认知模型就是指对于设计的认知。例如，常见的分组设计（即将相同属性的信息放在一起）、通过数字表示操作之间的逻辑，以及通过信息大小或颜色等去区分重要程度等。

K 歌模块中的第 1 个模块为导航入口的聚合，第 2 个模块为推荐歌曲和排行榜单。导航入口的聚合符合主流 App 的交互设计方式（主流 App 已经将用户的认知培养起来了）。第 2 个模块可以同时将推荐歌曲和排行榜单通过二级导航的方式呈现出来。"K 歌"作为按钮也比较符合用户的认知，点击就可以进行 K 歌，同时所处的标签页就是 K 歌页面。由于整个产品的定位是 K 歌比赛和社交，所以比赛和动态分别位于第 1 个标签页和第 2 个标签页上，如下图所示。

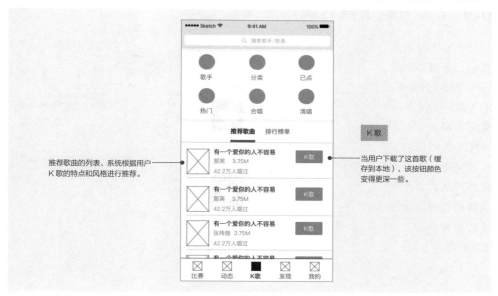

6.1.5 交互逻辑无缺失

在交互设计中，有时候会遇到交互逻辑缺失的情况。出现这种情况常见的原因是设计师对设计布局做了常规处理，但忽略了其他的一些情况。

例如，在上面的交互设计稿中，关于推荐歌曲和排行榜单的二级导航是否固定悬浮、是否可以左右滑动切换二级导航、是否可以左右或一直朝着一个方向滑动、导航是否可以循环切换、推荐歌曲下的列表最多出现多少，以及如果推荐的歌曲只有 5 个人唱过，那么是用"0.0005 万人唱过"表示，还是用 "5 人唱过"表示等问题都没有明确体现。设计师在设计过程中要注意这样的问题，尽量保证交互逻辑无缺失。

6.1.6　异常场景无遗漏

异常场景一般包含很多情况，设计师要针对每种情况都进行充分的设计。例如，下载过程中如果无网络应如何提示用户，Wi-Fi 切换为 2G、3G 或 4G 时如何提示用户，在用户第一次进入应用且没有唱歌记录时如何通过风格标签推荐歌曲并提示和引导用户，在下载失败的情况下如何对停留在当前页面的用户进行提示，以及在弱网情况下页面是该全屏加载还是分步加载。以上问题在交互设计稿里面都应该体现，设计师在设计过程中要尽量保证异常场景无遗漏。

6.1.7　关键字段有规则定义

关键字段有规则定义是指部分字段需要连接数据库，对于这样的字段需要有明确的定义。这样不仅可以减少沟通成本，还能避免因开发人员产生误解而影响设计项目的正常推进，如右图所示。

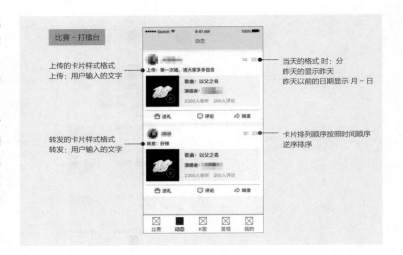

例如，在"动态"页面中，关于时间就需要有一个明确的定义。如果没有明确的定义，最后的结果可能是千变万化的。在交互设计稿中，当天的时间显示为"× 时：× 分"的形式，昨天的时段显示为"昨天"，昨天以前的时段显示为"× 月 × 日"，这样的定义就较为明确。同时在交互设计稿的"动态"主页面中，涉及送礼、评价及转发的交互通常也需要展示出来。

6.1.8　极限情况有定义

所谓的极限情况有定义，一般包括 3 个方面：① 字段的长度定义，如用户名、标题及文本内容过长时，设计师需要考虑是打点表示还是折行显示；② 在有较多的数据需要一次性加载或展示时应该如何处理；③ 在时间没有年份说明时（如在跨年期间，时间该如何展示）。

6.1.9　是否涉及多种角色和权限

不同的产品会涉及多种角色和不同的使用场景，所以设计师要通过具体的角色和场景来进行设计。

6.1.10　全局组件有说明

全局组件指的是整个产品通用的组件，如全局断网、操作成功、操作失败、加载、空数据界面及 404 服务器连接异常等，如下图所示。

1．网络提示

当网络异常时，用户在界面点击操作，会出现 Toast 反馈提示。也有一些 App 会在用户进入后，用对话框的形式提示用户网络异常。相对于对话框，使用 Tips 提示对用户的干扰更小。

2．成功/失败提示

在操作成功的情况下，系统会根据具体的使用场景给出对应的提示；在操作失败的情况下，通常使用 Toast 提示。

3．警告提示

这种提示是异常场景的警告说明，常见的有暂无权限、文件已被删除等情况。

4．正在载入

涉及全局加载和局部加载两种情况。全局加载在设计中要统一说明，如上一个页面点击进入下一个页面等情况；如果是一些小场景的加载，则需要特殊说明，如上拉加载、下拉加载和局部小区域加载等情况。

5. 空数据界面

空数据界面可分为以下 3 种。

（1）处于初始状态的空数据界面是指默认状态下没有任何内容，需要用户进行某种操作后才能产生内容的界面。

（2）处于清空状态的空数据界面是指通过删除或其他操作清空了当前的页面内容的界面，这时候需要有明确的提示告知用户该如何处理。

（3）处于出错状态的空数据界面是指由于网络、服务器异常或没有找到其他结果等原因导致无法加载内容的界面，这时候也需要有明确的提示告知用户该如何处理。

除了上面这 3 种情况以外，对于用户操作反馈的无结果界面也可以用这样的思路来进行设计。

6.2　掌握交互设计背后的逻辑

当用户点击执行某项操作时，如果由于某种原因而导致操作失败，就需要系统出现反馈提示来告知用户操作失败的原因。反馈提示通常会有多种表现样式，在有些情况下多种样式可以同时使用。那么到底应该使用哪种样式，应该怎么去理解这些样式，其背后的设计逻辑是怎样的……这些都是值得思考的问题。

当用户在微信中向对方发送图片时，微信限制一次最多只能发送 9 张。当用户选择了 9 张图片之后再选择图片，系统会提示用户最多只能选择 9 张图片。对此，iOS 系统使用的是警示框提示，而 Android 系统则使用的是 Toast 提示，如右图所示。

关于为什么 iOS 系统使用的是警示框提示样式，而 Android 系统使用的是 Toast 提示样式，笔者对其背后的交互逻辑进行了以下猜测。

在 iOS 系统中使用微信，当用户选择了 9 张图，再选择第 10 张图时，系统会给出强阻断的警示框提示。这时用户需要点击警示框中的按钮才能继续进行后续的操作。这个过程加强了用户的记忆并且增加了操作成本，有了之前的强提示，用户下次选择超过 9 张图片时就会产生印象，避免再次犯错。在 Android 系统中使用微信，当用户选择了 9 张图，再选择第 10

张图时，系统会给出较轻量化的 Toast 提示，这个过程是在减轻用户犯错的成本，方便用户进行当前操作，但却难以防止用户再次犯错。

至于微信为什么限定用户最多只能选择 9 张图片发送，就发布朋友圈动态而言，如果不限定数量的话，用户可能会恶意平铺很多张图片，对于浏览朋友圈的人来说无疑是一种信息干扰。同时，九宫格也是一种和谐的视图模式，限制微信对话框的图片发送数量也是基于这个原因。

接下来，笔者将以"登录账号密码不匹配"这个操作为例，对交互设计背后的逻辑做进一步分析。

用户在 App 中登录账号，当账号与密码不匹配时，系统会给出错误提示，包括警示框、Toast 及对象内嵌这 3 种样式。

6.2.1　警示框

警示框提示为阻断式操作，属于强提示。系统通过警示框可以告知用户账号与密码不匹配，用户需要点击警示框上的按钮才能重新输入账号或密码，如下图所示。

在之前的设计工作中，笔者认为采用这样的设计的原因是通过点击警示框按钮，可以加强账号的安全性。不过后来仔细一想，感觉这个猜测不合理。因为设计师可以通过限制登录来更好地保证账号的安全，如输入密码错误 5 次，则限制用户等待 5 分钟后再输入。

那么，为什么微信、QQ 及 Instagram 等体量庞大的 App 依然使用警示框提示呢？原因可能有两点：① 账号登录属于超低频操作，所以警示框这个组件对用户造成的影响基本可以忽略；② 账号密码不匹配对于用户来说是一件很重要的事情，所以有必要使用警示框去强烈地提示用户。

6.2.2　Toast

　　Toast 为暂时性的提示性组件，属于一种轻量级提示。在某些 App 中，当用户点击"登录"按钮进行账号登录且系统发现账号与密码不匹配时，系统会通过 Toast 提示告知用户并让提示停留 1~2 秒后消失。

　　京东、UC 浏览器及猫眼 App 在用户登录的账号与密码不匹配时，使用的都是 Toast 提示。系统通过一个轻量的反馈让用户知道登录失败的原因，用户不需要进行任何操作，就可以继续在输入框里填写，这样方便用户顺利地完成当前操作，如右图所示。

6.2.3　对象内嵌

　　对象内嵌是相比于 Toast 更轻量级的一种提示性组件。当用户点击"登录"按钮进行账号登录且系统发现账号与密码不匹配时，系统会通过内嵌在界面中的提示文字告知用户，此提示一般为带警示性颜色（红色）的醒目文字，如右图所示。

　　当用户输入账号密码并点击"登录"按钮进行登录，同时数据发送到服务器时，服务器可以做以下两种判断：① 账号不存在的话，给出对应账号不存在提示；② 账号存在的话，检查账号是否与密码匹配，如果不匹配的话，则给出对应提示。

----- 提示 --
　　由于对象内嵌提示的强烈程度更低，对用户的干扰更弱，同时拓展性更好，因此可以用来在界面内添加大量的信息。不过，对象内嵌适用于信息量小且布局简单的界面，信息量大且布局复杂的界面不适合使用对象内嵌。

综上所述，笔者总结出以下 5 点。

（1）以上 3 种类型的提示强烈程度依次为警示框 > Toast > 对象内嵌。

（2）如果整个产品更看重的是产品逻辑与防错，可以选择带有强制性的警示框。

（3）在产品中如果有过多的 Toast，用户习惯之后很容易忽略掉 Toast 的提示语，使其无法起到真正的防错和提示作用，这时候适度使用提示就显得尤为重要了。

（4）对象内嵌更为轻量，而且扩展性强，可以承载更多的信息。对于需要考虑拓展性和免打扰的产品来说是不错的设计选择。

（5）在报错场景下到底选择哪一种组件，是没有标准答案的，只需根据产品定位进行整体定义即可。

6.3　易遗漏的交互场景分析

本节笔者将以手机淘宝为例，讲解一下在平时工作中设计师容易遗漏的交互场景。

手机淘宝搜索栏中的"历史搜索"功能旨在减少用户文本输入，让用户可以快速查看以前搜索过的商品。同时，搜索发现功能通过分析用户的操作行为，智能推荐用户感兴趣的商品，增加用户的访问深度和购物兴趣。

目前，iOS 和 Android 版的手机淘宝对历史搜索功能的交互方式采取的是两种不同形式的设计。iOS 版手机淘宝中，用户长按历史搜索的关键词，可以调出删除图标，用户点击删除图标可进行删除关键词等操作，且在删除过程中无须进行二次确认。Android 版手机淘宝用户可以通过长按调出删除弹框，但是需要进行二次确认，如下图所示。

iOS 版使用优点：相比于 Android 版，iOS 用户可以快速进行删除操作，长按后手指可立刻触控删除图标并进行删除。

iOS 版使用缺点：① 用户长按出现删除图标，但是用户如果不删除关键词，则无法恢复正常状态；② 删除图标过小，有时候可能会出现点不中的情况。

Android 版使用优点：误操作概率低。

Android 版使用缺点：用户要先长按想删除的关键词，之后出现弹框，从长按到出现弹框手指操作距离跳跃过大，弹框仅仅起到了防错作用，无法起到二次确认删除某个关键词的作用（弹框提示语没有标明删除的是哪个关键词）。

手机淘宝中的历史搜索功能的交互流程看似简单，却蕴含着很多的交互场景。交互设计师或产品经理在首次设计类似的交互需求时可能会遗漏很多交互场景。

下面，笔者以 iOS 版手机淘宝的历史搜索功能为例，通过原型图的展示来讨论易遗漏的交互场景，希望可以帮助设计师在做交互设计时尽可能地避免遗漏这些交互场景，将设计做得更好。

6.3.1　iOS版历史搜索原型图分析

iOS 版手机淘宝的历史搜索功能的原型图展示分为 3 个小场景：① 将历史搜索的关键词全部删除；② 将历史搜索的关键词单个删除；③ 对搜索发现的关键词进行处理。

"将历史搜索的关键词全部删除"这一场景的原型图的交互定义：① 历史搜索和搜索发现的关键词最多为 10 个；② 执行全部删除操作时出现二次确认的警示框；③ 关键词全部删除后，搜索发现位置移动，如下图所示。

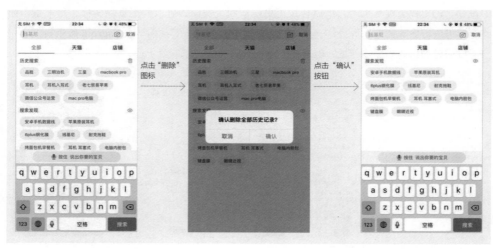

"将历史搜索的关键词单个删除"这一场景的原型图的交互定义：① 对点击关键词操作进行交互说明；② 长按之后删除关键词，其他关键词向前移动，如下图所示。

"对搜索发现的关键词进行处理"这一场景的原型图的交互定义：① 对隐藏和开启关键词显示进行说明；② 定义搜索发现中的关键词手势，如下图所示。

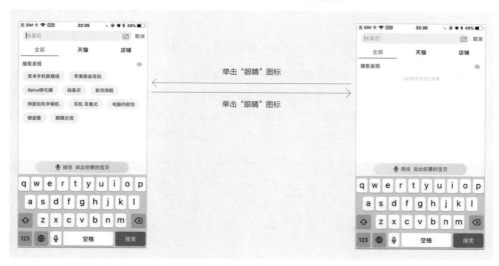

以上原型图，粗略一看好像没什么问题，而若仔细看其实可以发现其中遗漏了很多交互场景，下面笔者将进行具体分析。

6.3.2 常见的易遗漏的交互场景

在交互设计中，设计师经常遗漏的交互场景主要有以下 4 个。

交互场景 1：用户长按关键词，关键词出现删除图标，如下图所示。

如果用户点击关键词，不点击删除图标，设计师很容易忘记对这种交互行为进行定义说明。如果不进行定义说明，用户使用时可能会出现两种情况：① 点击进入该关键词的搜索列表（见图 b）；② 之前长按调出的删除图标消失（见图 c）。

图 a   图 b   图 c

交互场景 2：场景中已有一个关键词带有删除图标，如下图所示。

在使用过程中，可能会出现在某一关键词已有删除图标的情况下，用户再去长按其他关键词的场景。如果对这种交互行为不进行说明，也可能会出现两种情况：① 已有删除图标的关键词"三星 S8"的删除图标消失，另一关键词"S7 edge"的删除图标出现（见图 b）；② 关键词"三星 S8"的删除图标不消失，同时关键词"S7 edge"的删除图标出现（见图 c）。

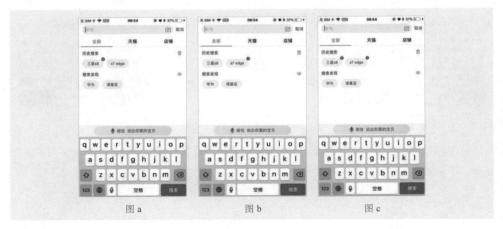

图 a   图 b   图 c

交互场景3：用户单击关键词，进入该词的搜索页面，如下图所示。

如果对用户点击其他关键词进入下级页面，返回页面为哪个状态页面的交互行为不做说明，可能会出现3种情况：① 回到首页搜索栏（见图 b）；② 回到历史搜索页面，之前长按的关键词的删除图标不消失（见图 c）；③ 回到历史搜索页面，之前长按的关键词的删除图标消失（见图 a）。

图 a   图 b   图 c

交互场景4：不含有历史搜索关键词时，页面布局如下图所示。

如果用户挨个删除历史搜索关键词，最后全部删完，可能会出现两种情况：① 历史搜索功能模块被去掉（见图 a）；② 历史搜索功能模块保留，并出现文案说明（见图 b）。

图 a   图 b

---- **提示** ----

以上提到的交互场景在设计过程中都必须要进行定义说明，否则到了开发阶段就很可能会出现各种问题。

在日常工作中，交互设计师对于该交互场景之所以会出现这样一些遗漏，笔者总结出以下 3 点原因：① 由于在历史搜索操作中存在长按手势，因此在设计整个交互界面时，对其他可交互元素也要考虑长按操作；② 设计师忽略了出口与入口；③ 仅仅考虑最大极限情况，却没有考虑最小极限情况。

以上只是针对像历史搜索这类小型的交互操作在设计中容易被遗漏的场景进行了分析，而如果涉及一些较大的场景，设计师在设计时则需要考虑以下 9 点：① 明确所有场景和使用人群；② 注意交互逻辑无缺失；③ 异常场景不遗漏；④ 异常状态有说明；⑤ 手势操作不遗漏；⑥ 关键字段有规则定义；⑦ 极限情况有定义；⑧ 是否涉及多种角色和权限；⑨ 刷新、加载及转场有说明。

6.4　移动端长表单设计

基于业务需求（常见于 B 端产品），有时候用户在操作过程中，不可避免地需要填写一些很长的表单。针对移动端长表单，设计师应该如何去正确地设计呢？这里笔者给出以下 3 种主方案，如下图所示。

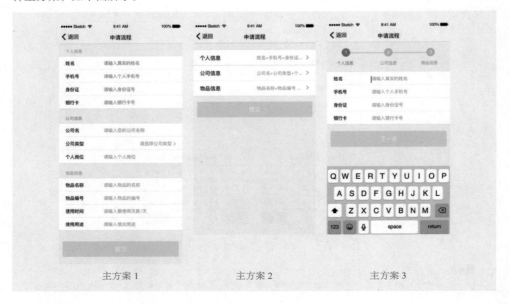

主方案 1　　　　　主方案 2　　　　　主方案 3

6.4.1 主方案1

主方案 1 旨在用一个页面将所有表单信息都展示出来。

使用优点：通过一个页面将所有表单信息都展示出来，如果用户想查找某些填写的信息也会变得更容易，相对于主方案 2 和主方案 3，减少了页面跳转次数，并且降低了操作和查看的难度。

使用缺点：移动端页面承载能力较弱，一个页面将所有表单信息都展示出来，用户浏览和操作起来压力较大，容易导致操作失败。

针对主方案 1，当用户完成表单填写后，提交按钮有 3 种设计方式：① 提交按钮放在表单最后；② 提交按钮放在导航栏上；③ 提交按钮在底部悬浮。

方案 1.0：如果提交按钮被放在表单之后，那么用户的视觉流和操作感觉是一致的，会显得流畅而自然，但是也会出现一个问题，用户在调用键盘并输入信息时键盘会遮挡提交按钮；对于 Android 手机上的输入法，用户可以点击输入法上的按钮将键盘隐藏，而 iOS 原生输入法则不能，用户只能点击其他非编辑区域才能隐藏键盘，这样就显得很麻烦，并且用户可能会忽略提交按钮。

方案 1.1：解决了提交按钮会被键盘挡住的缺陷，但是视觉流和操作行为不一致，用户在屏幕底部输入完成之后，视觉和手指要返回到顶部进行提交操作。

方案 1.2：提交按钮为底部悬浮样式，解决了方案 1.1 的视觉流和操作混乱的问题，同时也解决了方案 1.0 提交按钮被隐藏的问题，但是当用户想要输入文本并调出键盘时，提交按钮依旧会被挡住。

方案 1.0、方案 1.1 和方案 1.2 的设计示意如下图所示。

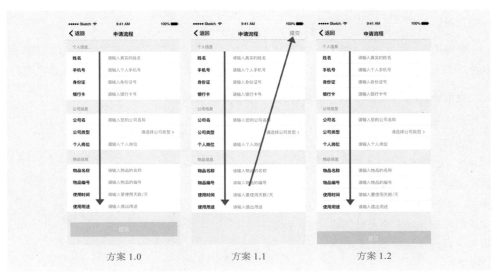

方案 1.0　　　　　　方案 1.1　　　　　　方案 1.2

底部悬浮按钮仅用于一些重要程度非常高的操作，如手机淘宝的"立即购买"场景和"加入购物车"场景。底部悬浮按钮不适用于文本操作类场景，如长表单文本输入。当用户想要输入文本并调出键盘时，底部悬浮按钮依旧会被挡住。此外，底部悬浮按钮适用于非文本输入、提供一个功能入口或对界面非文本输入的选择信息进行确认等使用场景，如手机淘宝、新浪微博等应用的交互场景，如下图所示。

6.4.2　主方案2

主方案2旨在将不同的分组表单放在不同的下一级页面中，用户填写之后提交并返回上一级页面。

使用优点：与主方案3相比，主方案2在不同分组表单之间切换查看信息的操作方式更方便快捷，可以让申请流程的首页更简洁，且将填写的信息全部隐藏到下一级页面中，便于用户阅读。

使用缺点：来回跳转，操作负荷较大，操作逻辑稍显混乱。

在方案2.0中，用户无法区分填写完成的分组和未填写的分组，如右图方案2.0所示。因此，需要将方案2.0进行优化。例如，填写完成后，会出现已完成的标签，提示用户已完成和未完成的不同状态（见右图方案2.1）。

方案 2.0　　　　　　方案 2.1

6.4.3 主方案3

主方案 3 旨在分步操作，即一个页面完成一组表单内容，点击"下一步"按钮，进入下一组表单。

使用优点：相对于主方案 1 来说，用户操作成功率大幅度提高。

使用缺点：如果用户操作到了第 3 步，需要返回第 1 步确认已填写信息的准确性时，需要进行两次返回操作，如此一来会比较麻烦。

操作过程中，后台会将用户填写的信息保存（缓存），用户返回上一步，填写的数据依然保留。即使是 H5 应用也同样适用，用户填写的数据被保存在数据库，用户返回上一步时，后台同时刷新载入数据库记录的数据。

对于下面所示的方案 3.0 和方案 3.1，两个方案的区别是下一步按钮位置的不同。方案 3.0 的视觉流和操作流更符合用户认知，且不存在按钮被键盘挡住的情况，所以方案 3.0 为最佳方案。

方案 3.0   方案 3.1

---- **提示** ----

Facebook 曾针对分步注册与非分步注册做过"A/B Test"（A/B 测试），其结论是分步注册的转化率远高于非分步注册。由此可见，与其用非分步注册强行减少注册页面，不如适当拉长战线，给用户轻负荷的操作，让用户在不知不觉中完成注册流程。

基于以上分析，笔者针对移动端长表单的设计总结如下。

主方案 1、主方案 2 和主方案 3 都有各自的优缺点。判断一个交互流程的好坏，最重要的标准就是能否让用户顺利完成操作流程，保证操作流程的成功率，从而帮助用户完成目标。以此标准来看，主方案 3 为最佳方案。

最后，我们来探讨一个细节问题，那就是提交按钮是放在顶部导航栏、信息内容区内，还是做成底部悬浮？这里笔者将其分为4种情况。

情况1：如果内容区加上操作按钮后不被键盘覆盖，建议将按钮放在内容区内，如右图所示。

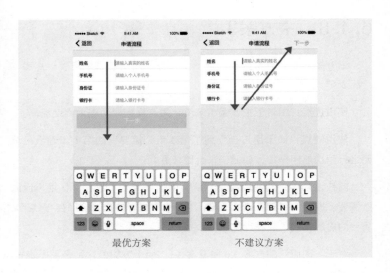

情况2：如果必填的内容不会被键盘覆盖，非必填内容会被覆盖，建议将操作按钮放在导航栏上，如微信朋友圈、QQ空间及新浪微博的设计等，如下图所示。

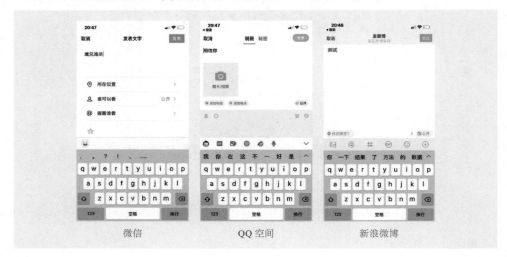

情况3：如果必填的表单超过一屏，建议将按钮放在内容区，而不放在导航栏。

---- 提示 --
当必填的表单超过一屏时，之所以不将按钮放在导航栏上，原因有两个：一是视觉流错误，当从上往下的信息量很大，用户滑动浏览时，会很难联想到去点击右上角进行下一步；二是当必填项过多时，用户要滑动屏幕才能填完，把按钮放在右上角的导航栏，当用户还没填写完成，滑动屏幕继续填写时，很容易误触右上角的按钮。

情况4：如果必填的表单超过一屏，无非文本输入，建议使用底部悬浮按钮。

6.5 交互文档的输出规范与方法

通常来说，用户体验部门在大型的互联网公司里面属于核心部门。一份标准的交互文档对于用户体验工作的开展来说至关重要。

制作交互文档需要使用的工具有以下几种：① 如果是大项目或团队协作，推荐使用Axure，Axure能很好地支持一些协同操作；② 对于逻辑比较复杂的需求，推荐使用 Axure，Axure 含有的"站点地图"功能可以帮助设计师清晰地表现出交互的页面层级关系，同时可以很好地完成各个场景的跳转；③ 对于网页端交互设计而言，推荐使用 Axure；④ 如果是较为简单的需求，推荐使用 Sketch，Sketch 制作交互原型的效率很高；⑤ 如果是制作交互动效示例（Demo），推荐使用 Flinto、Protopie 及 Princile；⑥ 如果是做交互提案，推荐使用 Keynote。

一般来说，一份专业的交互文档应该包含 7 点内容：完整的项目简介、需求分析、新增修改记录、信息架构、交互设计的方案阐述、页面交互流程图（包含界面布局、操作手势、反馈效果、页面跳转、元素的规则定义及其他细节）、异常页面和异常情况的说明。

6.5.1 完整的项目简介

完整的项目简介包含项目的名称，产品经理、交互设计师、视觉设计师、开发人员、测试人员的姓名，团队名称，以及撰写的时间等，如下图所示。

6.5.2　需求分析

需求分析的内容包含功能需求和对需求的分析理解，如下图所示。

需求分析

需求：启动页新增跳过功能。

启动页的作用：1.增强用户对应用程序能够快速启动并立即投入使用的感知度；2.转移用户的等待
注意力，用启动页掩饰App主架构后台加载，保证用户进入首页后可以流畅地使用。

由于现阶段App的加载性能被优化得更好了，所以启动页可以新增跳过功能，用户点击跳过之后等
待进入首页的时间不会影响用户体验。

需求：注册优化，让用户更聚焦以增加注册成功率。

在注册过程中，减少页面多余的元素，减少注册界面的交互流程。让用户把更多的精力聚焦在注
册流程上，增加注册的成功率。

6.5.3　新增修改记录

新增修改记录的内容应该包含新增交互和修改记录的来往版本说明，如下图所示。

新增修改记录

新增：App打开时的启动页界面交互。

修改：注册界面全新交互流程（基于M4-3版本的注册交互基础）。

6.5.4　信息架构

信息架构就是产品所呈现的信息层次，如产品由哪些部分组成、这些部分之间的逻辑关
系是怎样的等。信息架构可以使用 Mindmanager、Xmind 及百度脑图等工具来制作。由于注
册流程属于小场景，因此可以不放入信息架构。

6.5.5 交互设计的方案阐述

这里我们以账号注册为例,先理解账号注册功能的作用,再谈该功能交互设计的方案阐述。

账号注册的作用有以下 3 点:① 唯一性,用户注册之后拥有专属的个人中心,并拥有自己独特的软件使用特性,以此与其他用户区分开;② 可管理性,当用户完成注册之后,公司可根据注册信息、账户信息对用户进行产品推送,当用户长时间没有登录账号时,还可以发邮件或短信提醒用户,起到挽留用户的作用;③ 同步性,当用户使用别的手机登录账号时,只需要登录已注册的账号,即可得到所有的同步数据。

账号注册的 4 种常见设计方案如下:① 无须注册登录界面,所有用户均可直接使用,无"个人中心"和"千人千面"的概念(这类 App 一般功能较简单),如 iOS 系统自带的闹钟、天气及计算器等工具类 App,以及一些简单的第三方工具类 App(如电池先生等);② 只用手机号注册,这是目前使用较多的一种注册登录方式,用户用手机号码注册 App,通过短信的方式进行验证,常见于理财类 App 和社交类 App 等;③ 使用邮箱或手机号注册;④ 使用邮箱或手机号注册并且支持第三方账户登录。

设计师可以根据以上分析并结合自己的产品业务情况和市场定位来找到一个最适合自己产品的设计方案,具体的交互设计方案阐述如下图所示。

第 1 种方案的典型案例(iOS 天气) 第 2 种方案的典型案例(QQ) 第 3 种方案的典型案例(微博) 第 4 种方案的典型案例(知乎)

6.5.6　页面交互流程图

页面交互流程图包括页面布局、操作手势、反馈效果、页面跳转、元素的规则定义及其他细节。

1．页面布局

页面布局是对页面信息的设计。从页面布局可以看出产品的整体结构，相应的说明可以帮助部门的其他人员了解页面的功能设计和元素布局。

2．操作手势

用户通常需要使用操作手势来触发某些可交互元素，常见的操作手势有点击、双击、左滑、右滑、长按、拖曳、上下滑动、下击、抬起及夹捏等。

3．反馈效果

用户与界面之间发生的不同的交互操作会产生不同的反馈效果，可以按照页面关系将其分为两类：一类是在当前页面的反馈效果，如点击输入框调出键盘时的光标闪烁，以及点击同步按钮会在当前页面出现的浮层动画等；另一类是跳转到下一个页面的反馈效果。

4．页面跳转

在页面流程图上面，应清晰地标注出通过什么样的操作可以跳转到哪个页面。一般进入下一级页面是"从右往左滑入"，返回上一级页面是"从左往右滑入"，对于特殊的跳转效果要进行特别说明。

5．元素的规则定义

流程图里面的关键字段等元素都要配有详细的说明，如列表里面对时间的定义规则、列表的排列逻辑、元素的展示逻辑及元素的极限情况等。

6．其他细节

例如，正在加载的状态、加载完成有内容的状态、加载完成无内容的空状态、失败状态（如网络异常或权限未开启）、不同角色的用户看到的内容是否一样、不同状态的文案的图标变化、内容的加载方式、何时加载、何时显示及何时刷新等。各类页面的交互流程图如下图所示。

页面交互流程图

启动页交互

❶ 闪屏默认播放 3 秒,当用户不进行任何操作时,3 秒后可直接进入首页。

❷ 用户点击跳过,可直接进入首页。

❸ 启动页仅出现在用户退出 App 进程后再点击进入时,或者在用户第一次
打开 App 时出现。

页面交互流程图

注册交互流程

❶ 当输入手机号和
密码后,"登录"
按钮从置灰状态变
为正常状态 。

❷ 点击手机号码输入
框以及密码输入框
时,光标闪烁,调
出数字键盘。

点击"注册"按钮

❶ 当手机号码输入框未输入数字
时,"下一步"按钮置灰。

❷ 输入手机号码后,点击"下一
步"按钮,如果手机号码错误
则出现 Toast 提示。

❸ 输入一个数字后,输入框出现。

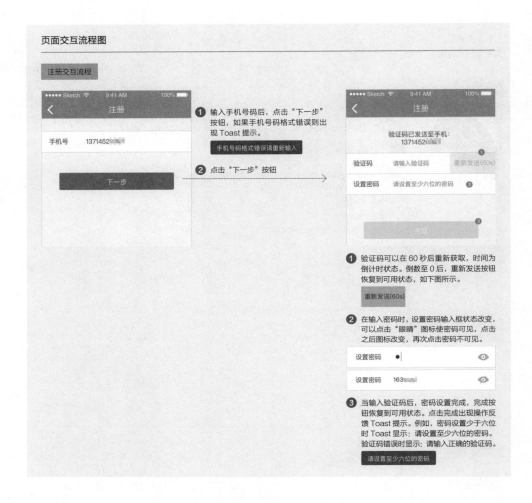

页面交互流程图

6.5.7 异常页面和异常情况的说明

设计师制作交互原型图时，应先针对正常情况制作交互原型图，当这一部分做完之后，再针对异常页面和异常情况进行制作。常见的异常页面包括数据为空的页面、操作失败的页面、获取数据失败的页面及页面不存在的页面等。常见的异常情况包括断网状态、服务器异常、操作失败、字符限制、网络切换（从 Wi-Fi 切换到移动数据）、权限限制及关键字段超行等。

最后笔者想要提醒一点，设计师在制作交互文档时需要多方面思考。例如，前面提到的账号注册这种场景的交互逻辑设计，除了前面所讲的那些方式外，还有很多可以思考的地方。在设计时，设计师把所有问题都考虑清楚并进行权衡取舍，之后就可以做出一份质量较高且逻辑问题较少的交互设计文档了。

第 7 章

团队产品
交互设计的工作流程

7.1　分析产品需求

对于一个互联网产品来说，其团队的设计流程一般分为分析产品需求、需求评审、交互设计、交互评审、视觉设计、视觉评审和交互视觉走查这 7 个阶段。在本章，笔者将用一个虚拟的项目案例来详细讲解一下在这些流程中各个部门的设计师所涉及的工作内容。首先，从分析产品需求开始。

产品需求包含产品战略级需求、用户级产品需求及用户体验级产品需求。分析产品需求阶段的参与人员主要是交互设计师和用户研究人员。

交互设计师参与前期分析产品需求工作的好处有 3 点：一是可以协助产品经理做一些需求分析和场景分析，二是帮助完善产品需求中可能出现的使用场景，三是减少伪需求和伪场景出现的可能性。

用户研究人员参与前期分析产品需求工作的好处：可以在用户渠道使用问卷调查、用户访谈等手段了解用户的需求和使用场景，并制作出用户画像，帮助产品经理挖掘出真正的用户需求。

7.1.1　产品战略级需求

产品战略级需求是产品的核心功能需求。这种需求可以让用户对产品有整体上的认知。例如，大众点评给用户的认知是一个决策型的工具，用户可以在上面查找周围的吃、喝、玩、乐等信息以决定去哪一家店消费。

产品战略级需求包括以下 3 个方面。

1.产品核心功能

产品核心功能关系到用户对产品的认知度和黏度。例如，网易云音乐的一个核心功能是"歌单"，用户可以通过歌单快速找到大量相同类型的歌曲，提升查找歌曲的效率，解决了用户难以搜索到自己喜欢的歌曲的痛点。网易云音乐通过这个功能吸引了大量的音乐爱好者，成为"比用户更懂用户"的产品。在版权资源处于劣势的条件下，网易云音乐的市场占有率依旧名列前茅。由此可见，产品核心功能的体现特别重要。

2.产品商业模式

产品的存活依托于商业模式，商业模式是决定产品未来走向的重要因素。产品可以通过好的商业模式得到快速发展。例如，"什么值得买"这个产品通过用户自发爆料低价商品走UGC模式（互联网术语，全称为User Generated Content，是伴随着以提倡个性化为主要特点的Web 2.0概念兴起的，也就是"用户生成内容"的意思，即用户将自己原创的内容通过互联网平台进行展示或提供给其他用户），让其他用户可以快速地看到整个电商平台中较便宜的一些商品。同时，为了保证质量，爆料的商品的销售网站仅限天猫、京东、当当、苏宁、新蛋中国及eBay等大家熟悉且产品有质量保证的网站。其他用户通过爆料的信息可以购买物美价廉的商品。用户在直接点击购买时，会产生返利给"什么值得买"。这个过程形成了一个良好的闭环，既方便了用户，又使网站平台获得收益，达到了双赢的商业目的。

3.用户拉新和拉活功能

产品处于成长期时，需要考虑的重要需求就是如何拉新和拉活，通过持续不断的用户增长来促进产品的成长。例如，用户在使用美团点外卖的时候，可以分享外卖红包，通过微信、QQ让其他好友抢红包，并通过红包这个纽带提升产品的曝光率，从而获得更多的新用户和活跃用户。

7.1.2 用户级产品需求

用户级产品需求是指通过收集并整理用户的反馈意见和痛点所得到的产品需求。常见的用户级产品需求通常分为以下4类。

（1）上级提的需求。在一些公司，上级领导通常会提出一些需求，虽然这些需求是领导在产品使用过程中的一些个人需求。但是一般来说，领导是专业用户，提出的需求也具有一定的参考价值；如果领导提的需求存在不合理的情况，可以与领导一起讨论解决。

（2）用户反馈和意见。在设计产品时，设计师可以给用户提供一些意见反馈的功能入口，之后根据用户提出的意见或建议，可以得到部分功能需求。

（3）用户调研。通过访谈目标用户，可以了解用户想要的功能。

（4）同事之间讨论得出的需求。同事之间讨论得出的需求通常都是由同事站在专家角度提出的一些需求，该需求对于产品设计与性能提升来说同样具有一定的参考价值。

7.1.3　用户体验级产品需求

用户体验级产品需求是指 UED 团队制定的用户体验方向的需求。用户体验级产品需求的优化包括以下两个方面：① 交互需求优化，主要指优化交互流程和界面布局；② 视觉需求优化，主要指优化视觉设计。

下面，笔者将以某浏览器的竞猜拉新活动（虚拟项目）为例，为大家总结其需求分析的过程。

该活动的需求是通过浏览器的金币竞猜活动让用户与产品产生一个拉新互动，提升新用户和老用户的日活跃量，从而提升活跃度。

业务背景：让用户通过完成该浏览器的一些指定任务赚取金币，并将金币用于消费（竞猜活动），从而形成一个完整的良性闭环。

收益：① 增加浏览器的用户使用时长，增强用户使用该浏览器的习惯，以此提升浏览器的市场份额；② 通过竞猜活动消费金币，有一定概率获得现金，可以调动用户的兴趣；③ 通过活动鼓励用户分享、赚取金币，从而让产品得到更多的关注，使更多的用户参与进来。

产品目标：① 通过活动分享，提升浏览器的下载量；② 通过让用户赚取金币的方式，增加用户使用浏览器的时长；③ 通过活动引导用户分享，从而使产品得到更多的关注。

用户人群：① 已使用该浏览器并喜欢获利活动的用户；② 未使用过该浏览器但喜欢获利活动的用户。

7.2　需求评审

需求评审是产品设计的重要环节之一，也是决定产品能否成功的重要环节。需求评审的主要负责人员为产品经理。

关于需求评审，要先明确产品的受众人群和目的。在进行需求评审时，产品经理需要完成需求的收集和分析，并确定需求的设计方案。通常情况下，需求文档包含的内容有业务背景、收益、产品目标、用户人群、活动规则定义及用户流程图等。

在需求评审过程中，产品经理需要明确以下 4 点内容：① 确定需求和方案的设计能够与需求方保持一致，如果需求的目标不一致，则需要在会上讨论后再确定；② 向设计团队和开发团队讲解需求的背景、产品目标和未来的设计目标，将这些内容准确地传达给设计和开发团队；③ 向需求方细致地讲解需求的设计方案，并阐述功能逻辑和业务逻辑；④ 向开发团队讲解产品的解决方案，在这个过程中会涉及开发相关的知识，这时候产品经理需要向设计师讲解产品的大致界面和产品形态。

产品经理通过对需求文档的评审，讨论产品需求的可行性，从而确定其是否满足产品的商业目标、用户目标及产品目标等。同时在需求评审中，产品经理面临业务方、开发人员、运营人员及设计人员等各个角色的意见的挑战。当各方意见达成一致后，需求评审就基本达到了目的。

下图所示为浏览器竞猜拉新活动的需求文档。

下图所示为浏览器竞猜拉新活动的规则定义内容。

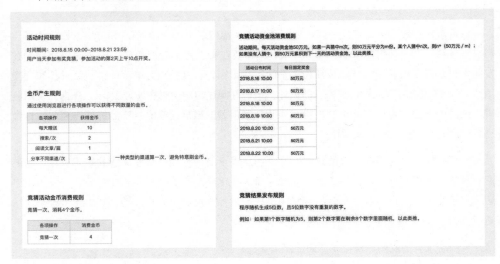

下图所示为浏览器竞猜拉新活动的用户流程图。

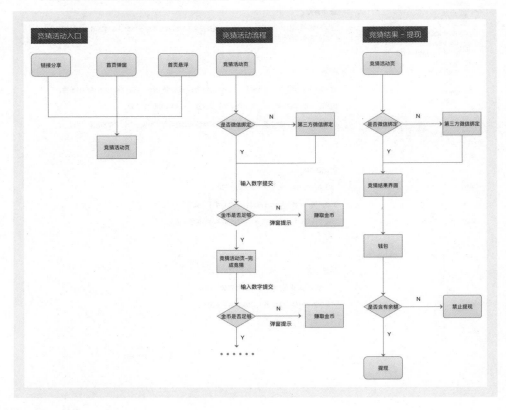

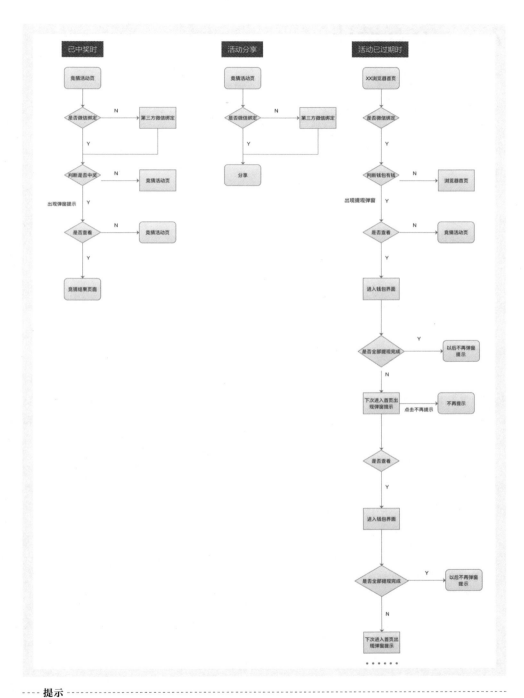

- - - - 提示 -

在需求评审过程中，侧重点是讨论功能、开发实现及各个业务之间的拉通等，所以应重点讨论业务逻辑等内容。

7.3 交互设计

交互设计的主要参与人员有交互设计师和用户研究人员。

交互设计师参与交互设计的好处：一是可以更加熟悉业务，了解产品的背景和设计目标，更有利于交互设计工作的开展；二是可以协助产品经理分析用户的使用场景和各个触达点，使产品经理可以更好地与后面的交互设计师对接；三是可以更好地平衡商业和设计两者之间的关系，让产品设计在满足用户体验的情况下最大化地发挥商业价值。

在交互设计阶段，交互设计师通过需求文档制作交互原型图之前，需要完成以下5点思考：① 为什么要做这个功能（业务目的）；② 产品期望的结果是什么（业务目标）；③ 谁来使用这个功能，使用场景是什么（目标用户）；④ 用户为什么要使用这个功能（用户需求）；⑤ 如何让用户高效、顺利地使用这个功能（业务流程）。

思考完以上问题之后，交互设计师接下来需要继续厘清思路，查找相关的竞品，并分析相关竞品的用户人群、商业定位及产品之间的一致性和差异性，之后有选择性地进行学习与借鉴。

交互设计流程：先梳理用户的主场景流程，然后梳理用户的小场景流程，接着梳理异常流程，最后绘制出对应的流程界面。

在交互设计过程中，还需要注意以下4点：① 充分理解业务目的、业务目标、目标用户及用户需求等，并根据这些找到用户所有流程的触达点；② 通过场景的触达点绘制用户的页面操作流程图；③ 找到所有的异常场景并进行梳理和制作；④ 通过了解大部分用户的行为和认知制作出对应的交互输出文档。

交互输出文档包含完整的项目简介、需求分析、新增修改记录、信息架构、交互设计的方案阐述、页面交互流程图（包含界面布局、操作手势、反馈效果及元素的规则定义）、异常页面和异常情况的说明这7点内容。

在制作交互输出文档时，笔者有以下4点建议：① 保持一个页面一个任务，每一页能展示的内容是有限的，如果在同一页中堆积太多的线框图是会出问题的；② 每个任务都有起点，一个任务应该拥有从起点一直到结束的完整路径；③ 同一页面的不同状态最好在一个页面内进行展示（不要忽略极端情况）；④ 保持页面布局规范，确保能准确传递设计思路和方案。

上一节提到的浏览器竞猜拉新活动的设计包括以下5个原则：① 引导用户快速找到活动入口，并顺利参与；② 提供活动简介说明，吸引用户参加；③ 竞猜活动页面要简单易懂，减少用户的认知和操作成本；④ 尽量避免该活动对绝大部分用户造成体验上的干扰；⑤ 保证公平公正，及时向用户反馈中奖情况。

下图所示为浏览器竞猜拉新活动的交互原型图。

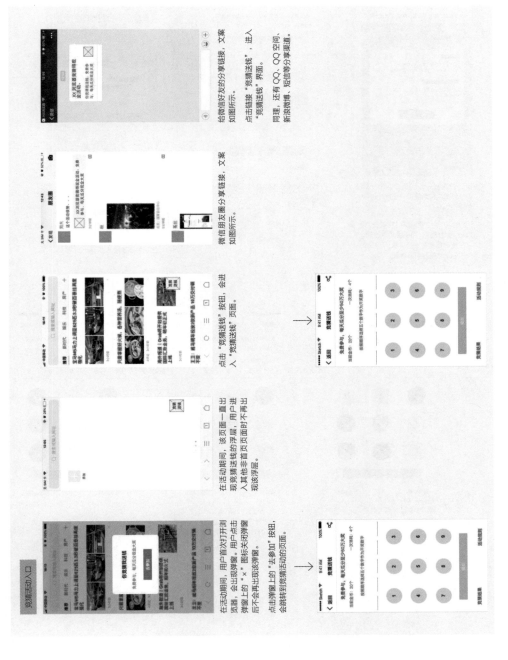

金币充足 - 竞猜活动主流程

点击"我
知道了"
按钮
→

当用户没
有绑定微
信账号时
→

点击"绑
定"按钮
→

用户首次进入活动页面，出现弹
窗，弹窗内容为简单介绍活动详情
和规则。

用户点击"×"图标或"我知道了"
按钮，弹窗消失，且不会再次出现。
之后用户要查看规则信息，可在首
页中的活动规则页面查看。

数字没有输入完整时，提交按钮
置灰。

如果没有登录账号，需要先绑定微
信账号。

如果已经绑定过微信，则该微信绑
定流程不出现。

用户点击取消时，则下次操作还会
出现绑定弹窗的提示。

依次点
击数字
→

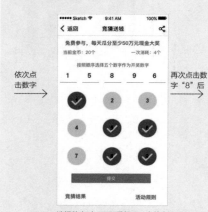

再次点击数
字"8"后
→

选择数字
"3"后
→

选择数字时，不可重复，一个数字
只能选择一次，按照选择的先后顺
序，在输入框中展示。

在输入过程中如果再次点击之前已
选择的数字，则该数字在输入框中
消失，同时后面的数字向前面移动。

点击"确定"按钮

点击"确定绑定"按钮

点击"取消"按钮后，下次操作还
会出现绑定弹窗的提示。

跳转到微信认证页面

点击"竞猜结果"按钮，跳转到
竞猜结果页面。

点击"活动规则"按钮，跳转到
活动规则页面。

点击导航栏上的"分享"按钮，
调出分享浮层。

点击"提交"按钮

点击"确定"按钮

提交成功，出现提交成功的 Toast
提示。

提交失败，则出现提交失败的提示，
如下图所示，同时金币不会被扣除。

当有人中奖时，出现 Tips 提示，
如图所示。用户点击"×"图标，
Tips 消失，且当天都不再提示。
第二天如果又有人中奖，再次出现
该 Tips 提示。

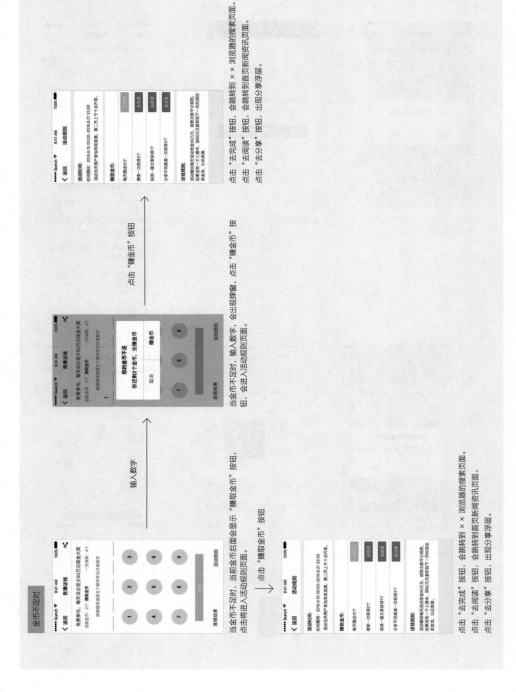

金币不足时

输入数字

点击"嫌取金币"按钮

点击"赚金币"按钮

当金币不足时，当前金币后面会显示"赚取金币"按钮，点击将进入活动规则页面。

当金币不足时，输入数字，去嫌金币按钮，会进入活动规则页面。

点击"去完成"按钮，会跳转到××浏览器的搜索页面。

点击"去阅读"按钮，会跳转到首页新闻资讯页面。

点击"去分享"按钮，出现分享浮层。

点击"去完成"按钮，会跳转到××浏览器的搜索页面。

点击"去阅读"按钮，会跳转到首页新闻资讯页面。

点击"去分享"按钮，出现分享浮层。

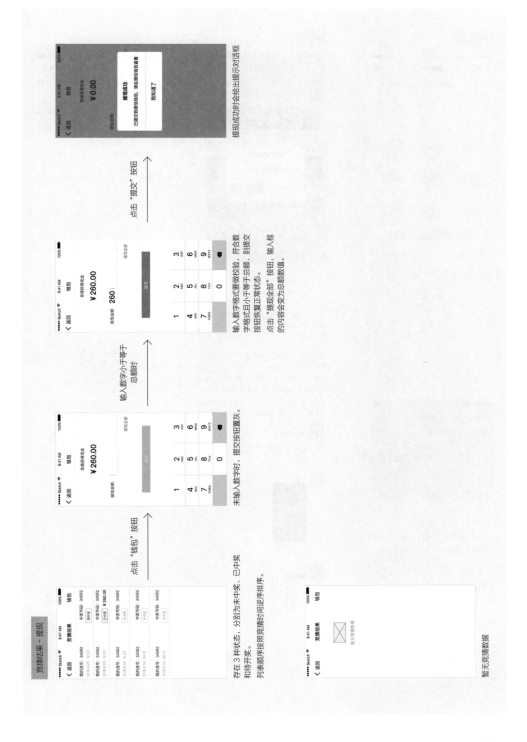

竞猜结果 - 提现
返回
竞猜结果
钱包
我的选号：34562
中奖号码：34562
待开奖
已中奖
¥260.00
未中奖
点击“钱包”按钮
竞猜获得现金
¥260.00
提现金额：
提现全部
提交
未输入数字时，提交按钮置灰。
输入数字小于等于总额时
260
点击“提交”按钮
¥0.00
提现成功
已提交到微信钱包，请在微信钱包查看
我知道了
存在3种状态，分别为未中奖、已中奖和待开奖。
列表顺序按照竞猜时间逆序排序。
输入数字格式要做校验，符合数字格式且小于等于总额，则提交按钮恢复正常状态。
点击“提现全部”按钮，输入框的内容会变为总额数值。
提现成功时会给出提示对话框
暂无竞猜数据

点击"查看详情"按钮 →

当有用户中奖时，用户进入手机浏览器，会出现弹窗提示。

点击"分享炫耀"按钮，会出现分享的浮层，生成的链接格式如下图所示。

活动已过期时

点击"去提现"按钮 →

活动过期后，首页浮层不再出现。

如果有用户中奖了，且还有钱没有提现，这时用户每次进入××浏览器，都会有弹窗提示。如果前两次用户未选择提现，则第三次后弹窗信息如下图所示。

未输入数字时，"提交"按钮置灰。

活动过期后

点击链接 →

活动过期后，按钮一直置灰，点击数字无交互效果。

"分享"按钮消失，"竞猜结果"和"活动规则"页面依旧可以查看。

7.4 交互评审

交互评审一般由产品经理、视觉设计师、业务方和开发人员，甚至是运营人员一起参与并完成。在交互评审的过程中，交互设计师通常需要通过拆分使用场景并讲述交互设计方案，使其他人可以轻松地理解产品的整体设计情况和使用场景。

在交互评审前，为了让评审能够更加顺利，交互设计师通常需要做好以下 3 点准备：① 事先考虑好所有可行的方案；② 针对所做的方案准备好充分的设计依据，方便在评审过程中面对质疑时可以迅速地做出反应并给出具体的应对方案；③ 对各个参与人员的设计偏好都要有充分的了解。

浏览器竞猜活动的交互输出文档如下图所示。

---- **提示** --

在交互评审过程中，若交互设计师直接用具体的交互原型界面进行评审，是很容易受到质疑并被推翻的，因为与会人员对于具体界面的感知度都很高，而且每个人的认知都是偏主观的。学会用抽象的内容进行评审，在一定程度上可以提高评审通过率。设计师也可以选择在交互评审通过之后，再提交具体的交互原型界面。

7.5 视觉设计

交互评审完毕，接下来就进入到视觉设计环节了，视觉设计阶段的工作主要由视觉设计师来完成。由于视觉设计师参与了交互评审，因此在进行到视觉设计阶段时，视觉设计师对交互输出文档也会有一定的印象。对于交互输出文档中比较重要的地方，交互设计师可以私下给视觉设计师进行讲解，方便视觉设计师快速理解，确保设计不会出错。

7.6 视觉评审

视觉评审多发生在产品从无到有或视觉大改版的过程中。在评审过程中，参与人员会花大量时间去讨论产品的设计风格和配色等。

一般来说，在一个项目的制作过程中，视觉设计师和交互设计师之间的沟通会非常频繁。在视觉设计师完成视觉设计稿之后，一般需要与交互设计师一起进行内部评审，之后再与产品经理进行外部评审。

在进行视觉评审时，视觉设计师需要注意以下 3 个方面：① 对交互设计稿的理解是否有偏差；② 视觉信息层次是否清晰；③ 交互状态是否全面。

在产品功能迭代时，视觉评审的内容是整体视觉风格的继承性和视觉设计稿的细节等，如对交互设计稿的理解是否到位、逻辑是否正确，以及视觉层次是否正确等。

7.7 交互视觉走查

交互视觉走查主要指走查线上产品的还原度，通过走查可以减少线上产品的视觉交互错误。在设计完成之后，设计师要保持与开发人员的实时沟通，让开发人员知道设计师想要的效果，以此保证线上产品的还原度。

在产品正式版发布之前，交互设计师和视觉设计师需要对产品的线上测试版本进行走查。其中，交互设计师走查交互问题，视觉设计师走查视觉问题，最后制作出具体的走查报告。

7.7.1　交互走查

交互设计师在走查过程中应主要关注交互规则、操作反馈、组件控件的各个状态、极端情况、文案说明等问题。

交互规则：如果设计师在交互设计稿的制作中定义的日期规则为今天或昨天，且早于昨天的日期用"月－日"格式，那么在走查时需要将问题提出。

操作反馈：在产品上线后，用户对产品进行操作时出现 Toast、对话框及元素过渡等与交互设计稿不一致的情况时，走查的时候可以提出。

组件控件：走查线上产品与交互设计稿组件控件的状态是否一致。

极端情况：查看线上产品是否考虑了极端情况，如果没有考虑，走查时可以提出。

文案说明：走查文案是否与交互设计稿文案一致（在少数情况下，文案是由运营部门提供的）。

7.7.2　视觉走查

视觉设计师在走查过程中更需要关注的是字号大小、文字颜色及各个元素的相对距离和视觉元素的还原度等问题。

如果是针对移动端产品走查，设计师需要同时走查 iOS 系统和 Android 系统中的产品，并尽可能地覆盖更多的手机品牌，如此才能设计出兼容性更好的产品。

7.7.3　走查报告

走查报告一般可分为两种：一种是直接生成的 PDF 格式的文档，生成后设计师需要将走查报告发送给产品经理和开发人员，之后开发人员按照走查报告进行相关修改；另一种是利用线上协同工具（常见的如腾讯出品的协同工具 TAPD）将走查问题分配给产品经理，待产品经理确定了走查问题，再将问题转给开发人员。

在开发人员修改了线上产品的问题后，交互设计师和视觉设计师还需要对产品再次进行走查验收，以保证最终的设计稿能够被成功实现。

第 8 章

交互设计
综合分析与讲解

8.1　站在开发的角度优化产品方案

一般来说，一个产品具有好的用户体验离不开合理的程序实现。一个好的用户体验设计师不仅仅要关注界面架构、界面布局、界面流程及美观度，还要考虑程序的实现机制。科学合理的程序机制可以让整个产品的用户体验更好。

本节笔者将从缓存机制和数据上传机制这两个方面讲解如何从程序开发的角度提升产品的用户体验，希望大家能够认真体会。

8.1.1　缓存机制

App 中显示的数据除了可以从服务器即时加载，还可以从服务端提前获取并加载到本地数据库，这一过程称为"缓存"。

在交互设计中，之所以要设计缓存机制，主要有以下两个方面的原因。

一方面，App 在向服务器请求新的数据时，如果没有缓存机制，那么用户看到的就会是等待加载页面。如果有缓存机制，用户可以提前对页面进行操作。没有新数据更新时，用户无须等待加载即可查看页面，可操作性与可用性更强，从而缩短用户从服务器获取数据的时间，并达到提升用户体验的目的。此外，如果内容更新的间隔较长，或者用户刷新的间隔较短，在没有缓存机制的情况下，后台会多次从服务器获取重复的数据，这就增加了无谓的时间成本。

另一方面，在没有联网或因网络信号太差而无法加载数据的情况下，如果呈现给用户一个空白页面，用户的感受必然不会好。这时候如果能在页面中缓存更多的功能信息，就可以满足更多的用户场景，并在一定程度上避免用户出现焦虑情绪。

在交互设计过程中，缓存机制可分为两种类型，即临时缓存和固定缓存。

1. 临时缓存

临时缓存是常用于在一个功能页面内保存各栏目内容的缓存机制。在同一个功能页面中，子功能会被划分为多个栏目，每个标签栏目下的内容在每次使用时都可保存为临时缓存。用户在该功能页面里切换栏目，可以使用缓存显示，而不需要重新加载数据。

对于用户来说，使用临时缓存机制，可以让用户实现无缝切换浏览的效果。对于服务器来说，临时缓存机制可以降低短时间数据更新的频率，这样既能满足用户的正常需求，又能达到提供良好体验的目的。

临时缓存的清理机制是当用户退出该功能模块时，就会清除之前的缓存。也就是说用户下一次进入该功能模块时，需要重新获取一次数据。

---- 提示 --

一般情况下，设计师都会在 App 的"设置"系统中为用户提供一个清理缓存的功能，可一键释放内存空间。同时，也可以考虑给 App 设计自动清理机制。从时间角度考虑，还可以设定一个固定的时间，或者根据用户使用周期灵活设定时间来清理缓存。每个产品的场景不一，用户使用频率不一，设定缓存清理机制的时候就需要结合实际情况考虑。例如，从容量角度考虑，设计师可以设定一个容量上限，采用"堆栈"的设计原理进行缓存清理，将溢出堆栈的旧数据自动清除。

2. 固定缓存

固定缓存又可以细分为可手动清理的缓存和不可手动清理的缓存两种。

可手动清理的缓存是较常见的缓存方式，且几乎所有产品都采用这种缓存方式。例如，用户浏览文章、图集时加载的数据都以这种形式缓存在"本地"，用户下次需要浏览这些内容时，就不需要再加载。在浏览完数据之后，用户可以手动对这些缓存内容进行清理，以达到释放内存空间的目的。

对于某些特殊场景，如一些相对固定的数据，我们不愿意一开始就将其打包进 App 当中，因为会造成产品安装包过大，而且如果每次进入页面都从服务器加载这些信息又过于麻烦。针对这种情况，建议采用不可手动清理的缓存机制，这就意味着这些内容只需要加载一次就可以永远缓存在"本地"，且安装包一般也不会太大。

综上所述，对于那些不是特别重要且不需要反复查看的信息内容，一般习惯使用临时缓存，而对于那些经常使用且需要反复查看的信息，建议采用固定缓存方式将其保存在"本地"，这样在下次浏览时，就不需要再一次向服务器请求数据了。

8.1.2 数据上传机制

用户操作的状态和数据需要上传到服务器。在上传过程中，用户一般需要等待一段时间，而一个好的设计方案可以在这个过程中给用户更好的体验。

对于后台数据上传的过程设计，常见的有以下两种方案。

方案 1：在操作过程中，后台同步上传数据。

在操作过程中，后台同步上传数据，而不在最后将操作好的数据统一提交给服务器，这样可以节约很多时间，提升用户体验。例如，用户使用微信发语音时，在输入语音的过程中，后台会同步上传数据，如此可使整个操作流程更顺畅、更快速，如右图所示。

方案 2：假数据显示，后台上传但前端不展示。

用户在发送微信朋友圈消息时，即使在断网的情况下，用户在点击"发送"后，朋友圈也会立刻显示数据，给用户消息发送成功的反馈，实际上这是"假数据"显示，消息还在上传当中。因为在实际生活中断网场景极少，朋友圈这个设计满足了绝大部分用户对操作顺畅的需求，用户体验良好。不为了极少数使用场景而把真数据展示给用户，这样不会让用户经常产生加载过慢的感觉，而觉得体验不好，如右图所示。

以上所述的缓存机制和数据上传机制可以覆盖 80% 以上的产品设计场景，是设计师应该了解并掌握的。

8.2　标签栏是固定好，还是不固定好

目前，绝大部分 App 的标签栏（Tab Bar）都是不固定的，即进入二级页面后标签栏消失。而与此同时，也有一些具有行业代表性的 App 的标签栏是固定的，即进入二级页面后标签栏不消失，如 App Store、网易云音乐、Twitter 和 Instagram 等，如下图所示。

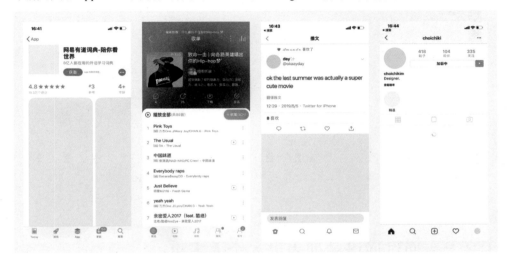

固定化的标签栏的使用优势：在用户进入较深层级页面的情况下，若用户想进入其他标签栏内的页面，可快速切换进入，而不需要一步步返回，再点击标签栏切换。

固定化的标签栏的使用劣势：如果底部的标签栏一直存在的话，用户会觉得整个 App 的层级结构混乱，同时用户来回切换，页面呈现的逻辑也会相互冲突；固定的标签栏让用户难以聚焦当前的主要任务流，且难以提供沉浸感，容易破坏用户完成任务的操作闭环，还会导致当前页面信息量展示变少；如果有的二级、三级页面有底部固定工具栏，那么标签栏会和工具栏叠在一起变为两层。

下面，笔者将以微信为例，针对进入个人主页的两种不同方式来分析固定化的标签栏的使用特点。

8.2.1　通过消息列表进入个人主页

在标签栏固定的情况下，用户通过消息列表进入个人主页，当前页面的标签栏的高亮状态与上一页面的标签栏的高亮状态保持不变。按照这个逻辑，当用户点击头像并进入个人主页时，标签栏的高亮状态也应该保持不变。

下面第 2 张图片中标签栏和输入框叠在一起，这对于用户来说是很别扭的一种设计，并且容易出现因为误触而产生页面跳转的情况。

8.2.2　通过通讯录列表进入个人主页

观察右侧两张图，如果标签栏固定，那么通过通讯录列表进入个人主页可以看出两个标签栏都跑到同一个页面了，导致页面层级看起来很复杂，而产生这种情况的根本原因是操作路径与页面层级的路径发生了冲突。

那么，为什么 Instagram、App Store、Twitter 及网易云音乐的标签栏是固定的呢？原因是这些 App 的页面层级简单，操作路径与页面层级的路径几乎不会发生冲突，就算发生冲突，也会有其他的规则将其规避掉。

综上所述，针对 App 中的标签栏是固定好还是不固定好这个问题，我们需要分情况分析并使用。如果 App 的页面层级简单，操作路径与页面层级的路径不存在冲突，同时下级页面不存在底部固定工具栏，那么推荐采用标签栏固定的方案；如果设计的 App 页面信息层级复杂，那么推荐使用标签栏不固定的方案。

8.3 常见的四大用户体验误区

下面笔者将针对交互设计中常见的四大用户体验误区进行分析和讲解，希望大家在实际工作中能足够重视。

8.3.1 路径越浅，体验就越好

在日常设计工作中，当笔者与其他设计师在讨论设计时，往往会听到诸如"为什么要进入下一级页面呢，就放在当前页展示不就好了吗？"等疑问，或者在当前页面无法承载更多信息时，有的设计师会给出用弹窗、点击更多及下拉展示等建议。笔者认为这样的一些做法未必是好的，有时候页面层级的跳转可能会让用户更明白自己所处的层级状态。

在内容相同的情况下，路径越浅就代表着页面需要承载的信息量越大，过大的信息量会导致用户理解页面信息的难度变大。在这个过程中，用户承受了很大的认知负担，甚至可能出现因理解错误而导致操作失败的情况。

判断用户体验好坏的一个比较通用的标准是用户在操作过程中是否感到流畅、舒服。如果路径过浅，单位页面包含的信息量过大，容易导致任务失败，这是不可取的。

如果一个流程的信息量是 12 个单位【公式 $x \times y = 12$（$x=$ 单位页面的信息量，$y=$ 路径深度）】，那么就会产生 6 种方案。

方案 1：1×12	方案 4：4×3
方案 2：2×6	方案 5：6×2
方案 3：3×4	方案 6：12×1

交互设计师在错误观念下，使用的方案都是"6×2"或"12×1"。而在正确观念下，使用的方案应该是"4×3"或"3×4"。

----- 提示 ---

当然，并不是说用户的操作路径越深就越好，这里涉及信息量的深度和广度的博弈。对路径的设计与处理，需要在广度和深度之间找到一个平衡点。用户体验的好坏很多时候没有一个统一的衡量标准，需要感性和理性的结合，每个设计师在设计时都需要多去自我理解和体会。

8.3.2 过分强调小场景

设计时过分强调小场景，会导致正常流程都要承受小场景的设计结果。有时候对可能出现的场景想得过于全面，容易陷入"死胡同"，并无限放大小场景的重要性。有时候为了兼顾这部分场景，设计师在流程中会过于强化小场景的功能展示，从而影响用户体验。例如，可能只有 0.1% 的用户或场景可能用到或遇到一些功能，设计师为了照顾该部分用户与场景，加入相应功能，会导致另外 99.9% 的用户每操作一次就会看到此小场景出现一次。因此，为了 0.1% 的用户直接牺牲了 99.9% 的用户体验，并影响整个产品的用户体验的方式是非常不可取的。

8.3.3　过度反馈

在用户的操作过程中，给用户适当
的提示，可以使用户知道目前操作所处
的状态。但是在很多时候，如果设计师
过度强化这个状态（常用的是 Toast 和
浮层动画）会导致提示过度，如右图所
示猫眼 App 的这个提示。

用户在微博上点赞后，微博会通过
点赞前后图标状态的变化让用户知道点
赞成功与否（没有重复使用 Toast 提示），
这是很可取的一种做法，如右图所示。

---- 提示 ----------------------------------
在设计反馈时，如果已经有一组元素的变
化足以暗示用户当前状态得到了改变，那么也
就没必要再增加多余的元素进行反馈提示了。
过度反馈会使用户的心理负担变重，一个反
馈可能不足以影响用户体验，但如果整个 App
出现大量这种情况，那将是一场灾难！

8.3.4　数据上传前台显示，而非后台加载

在用户的操作过程中，App 有时候需要将数据上传至服务器，这会需要一段时间缓冲，
设计师在设计中需要使用过渡动画提示用户数据正在上传。那么问题来了，这时候需要向用
户展示加载过程吗？用户关心这些吗？在用户看来，产品只要能帮助他们达成目的就可以了，
他们在乎的只是结果。所以在这个过程中，加载过程是可以省略的，App 只需要给用户提供"假
数据"，然后后台上传即可。

这里可能存在一个风险。用户在操作之后，会以为上传成功了。如果用户直接关闭进程，
那么只能等用户下次进入 App，再重新进行后台上传。这种情况对于用户而言无疑是一种欺
骗行为，那么该如何权衡这件事情，需要设计师自己判断。

8.4 探索流量分发的设计方法

流量分发是指通过一定的设计策略，将用户的流量合理地分配到其他地方，从而完成产品的设计目标，促进流量利用最大化。

本节将以手机淘宝为例,探索流量分发的设计方法。在具体讲解流量分发的设计方法之前，笔者先对手机淘宝的首屏模块做一下简单分析。

手机淘宝首屏含有扫一扫、搜索、轮播广告、宫格式导航、头条栏目、主题栏目（包括"淘抢购""有好货""哇哦视频"和"必买清单"，以活动主题的形式，提供给用户"随意逛逛"的功能，给予不明确购买目标的用户人群有趣的产品曝光，刺激用户的购买欲望，从而达成交易）等业务模块。而其中比较重要的3个模块则是搜索、轮播广告和宫格式导航。

搜索能帮助购买目标明确的用户快速找到所需商品交易的入口，也是促成成交量的一个重要模块，所以被安排在了导航栏比较重要的位置，如下图所示。

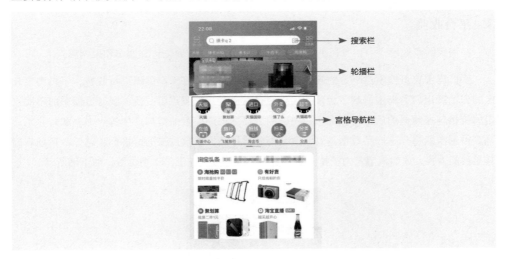

轮播广告是淘宝广告中的钻石展位，它按照每千次展现进行收费，是为淘宝提供主要收入来源的模块功能之一。

宫格式导航含有9个业务模块，它们是更多的业务模块聚合的入口。这些业务模块提供大部分流量，并分流到各个业务上，分流效果很明显，是手机淘宝产品流量分发流程的重要一环。每个导航入口带来的流量都不可估量，如果其中一个业务少了这个宫格导航入口，则流量可能会出现断崖式的下跌。

综上所述，手机淘宝首屏的业务模块的流量分发设计由三大块组成，即精准搜索功能＋入口导流展示＋活动专题。

8.4.1　设计流量分发的目的

设计流量分发的目的主要包括以下 3 个方面。

1．流量利用最大化

流量分发将流量利用最大化，既可满足用户的使用需求，又能实现盈利的最大化。这里的最大化主要指的是淘宝网上的第三方卖家、买家和阿里巴巴平台的盈利。

2．配合产品战略

以淘宝首屏的宫格式导航为例，因为天猫在阿里巴巴的产品体系中的地位是极高的，淘宝网会将大部分流量导向天猫，扶持天猫的成长，所以宫格式导航把第 1 个位置给了天猫。

3．平台收益

在淘宝的商业模式中，盈利主要由三大块构成，即钻石展位、直通车和聚划算。

手机淘宝首页搜索栏下方的轮播图即钻石展位，按照每千次展现进行收费，手机淘宝几亿的日活跃用户为淘宝贡献了大量的现金流。直通车是按照点击收费，同时直通车的单次点击的价格与搜索词的质量得分息息相关，淘宝根据用户搜索关键词产生的点击率和转化率，计算得到质量得分，产品数据越好，质量得分就越高，单次点击的价格也就越低。聚划算因其盈利能力强，成为淘宝大力扶持的业务之一，因此被放在了第 2 个位置，如下图所示。

以上的商业模式避免了类似百度的关键词价格竞争的情况发生，将商业化、用户体验及平台广告这三者进行了很好的平衡。

8.4.2　如何进行流量分发设计

针对流量分发的设计方法，这里笔者给出以下 6 点建议。

1. 业务定位

业务定位主要由 CEO（Chief Executive Officer，首席执行官）、VP（Vice President，副总裁）等决策层来完成，将业务按照价值的高中低等进行划分，将流量从大到小地导入对应业务中。

官格式导航中有两个位置分别是天猫国际和饿了么。天猫国际是跨境电商，也是阿里巴巴电商生态重要的一环，所以排在了导航的第 3 个位置。饿了么被阿里巴巴以 95 亿美元全资收购，从生活趋势来看，人们越来越依赖外卖，而饮食是人们生活不可缺少的一环，所以阿里巴巴为饿了么导流，如下面第 1 个页面所示。

直播是最近几年比较受欢迎的产品类型之一，淘宝直播作为人气主播卖货的重要渠道，有一个模块（如下面第 2 个页面所示）为其提供入口。

手机淘宝首页最后一个栏目为"猜你喜欢"（如下面第 3 个页面所示），这是智能算法的应用，用户点击对应的标签也可直接到达底部的"猜你喜欢"模块。通过"猜你喜欢"模块和其他模块的相关推荐，阿里巴巴已经在智能推荐方面形成了一套完善的算法体系。

---- 提示 --
　　"猜你喜欢"等智能推荐功能之所以重要，是因为它们可以智能化地给用户推荐其可能想要购买的商品，提升用户的转化率，并帮助用户快速做出购买决策。

2. 实现用户和卖家之间的平衡

从用户角度来说，如何快速找到物美价廉的商品，如何快速完成购买并在购买后获得相关有价值的商品推荐，以及在进行操作时得到好的用户体验，都需要设计师在设计时考虑多方面的因素，以平衡用户体验与流量利用最大化之间的关系。

从商家（平台）角度来看，如何让单位流量产生更多的收益和利润是最为重要的事情。商家（平台）很在意 GMV（Gross Merchandise Volume，通常称为网站成交金额，属于电商平台企业成交类指标，主要指拍下订单的总金额，包含付款和未付款两部分）这个指标，因此如何提升 GMV 是设计流量分发时的一个重要问题。例如，关于订单量的提升，可通过向用户推荐其感兴趣的商品来完成；通过提升用户对手机淘宝的使用率，可以提升 UV（Unique Visitor，即独立访客）、交易频次和 CVR（Click Value Rate，即转化率）。

---- 提示 --

GMV= 订单量 × 客单价，同时 GMV=UV×CVR× 交易频次 × 客单价。

3. 提升用户在平台的复购率

相关的专题模块可以将购买意图不确定的用户转化成购买用户，从而达到提升用户复购率的目的，如下图所示。

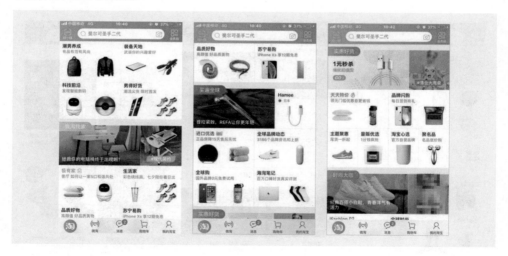

4. 分析用户场景，改善设计路径

设计师分析用户场景，改善设计路径，使其变得更合理，可以减少流量损失。针对这部分内容，笔者以用户购买机械键盘的用户主场景为例来进行分析。

用户 a 打开手机淘宝通过搜索关键词 "FILCO/ 机械键盘" 找到感兴趣的机械键盘，然后点击 "查看详情" 按钮查看产品详情，若感兴趣就立即购买。

用户 b 打开手机淘宝通过查看之前添加到购物车的、收藏或关注的机械键盘，点击 "查看详情" 按钮查看产品详情，若感兴趣就立即购买。

用户 c 打开手机淘宝通过首页或其他模块的相关推荐，找到感兴趣的机械键盘，点击 "查看详情" 按钮查看产品详情，若感兴趣就立即购买。

手机淘宝可覆盖以上所有场景，在整个购买和支付的过程中，用户的操作会非常顺利，页面跳转少，降低了用户的流失率并提升了购买转化率，如下图所示。

5．布局设计

好的页面布局设计可以引导流量向着既定的方向流动，促使流量利用最大化。

在手机淘宝首页的布局设计中，众多的业务模块构成了各类小用户群的流量流转和分发渠道，如右图所示。

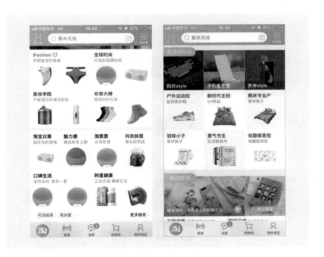

6. 访问路径设计

手机淘宝有 5 个标签，分别为"首页""微淘""消息""购物车"和"我的淘宝"。其中"微淘""购物车"和"我的淘宝" 3 个标签是有访问路径的。

"微淘"是卖家发布动态、提升用户对店铺的关注度的路径。用户通过该路径可快速进入卖家中心，并挑选想要购买的商品。"购物车"是用户添加商品的路径，这样的入口可以缩短用户查找商品的路径，并提升购买转化率，如下图所示。

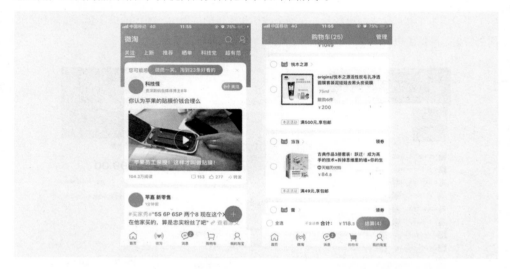

"我的淘宝"中的"我的收藏"和"我的关注"模块则可以让用户快速收藏并关注商品，还能满足用户进行二次查看的需求，如下图所示。

8.4.3 如何验证流量分发设计效果

针对流量分发设计效果的验证，主要从以下两个方面来进行。

（1）通过整体数据进行评估。通过整体的数据来评估设计的效果，需要使用几个重要指标，即 GMV、DAU、WAU、MAU、留存用户数、用户使用时长及人均订单数等。其中 GMV 指下单产生的总金额，包括销售额、取消订单金额和退款订单金额。DAU 指日活跃用户数，WAU 指周活跃用户数，MAU 指月活跃用户数，它们默认的活跃用户是指有产品、页面、功能加载行为的用户。留存用户数指一段时间内再次访问的用户数。用户使用时长指所有用户使用时长除以用户数。人均订单数指支付页面访问量除以支付独立访客。

（2）通过平台的定位、战略目标及用户预期进行评估。对于平台来说，流量分发的设计需要符合整个平台的定位和战略目标。对于用户来说，流量分发设计需要达到用户想要的结果，并在设计中通过一些变化给予用户惊喜等。

以上是对流量分发设计的分析。在设计过程中，无论是交互设计师还是产品经理，都需要依托决策层的战略将正确的战略通过设计的方式落地，并与最开始制订的设计目标达成一致。

8.5 微信设计背后的产品逻辑分析

作为在即时通信领域超越 QQ 并成为全民应用的 App 产品，微信在产品设计领域一直被赞美、模仿与追逐。但是在使用微信的过程中，我们还是会对微信的某些设计产生一些疑问，可以说有的设计也脱离了设计师对用户体验的认知。为什么会这样呢？这些看似"不友好"的设计背后又存在着怎样深层次的逻辑呢？

下面，笔者将从以下几个方面来进行分析。

8.5.1 点赞评论聚合

微信朋友圈中的"点赞评论"机制是以聚合的形式呈现的，这样无疑会给用户增加一个操作层级，从用户操作的高效性来看，这样的设计方式是不够高效的。而对于微信团队来说，这样的设计背后有哪些深意和思考呢？

朋友圈的定位是分享生活，重点是分享而不是互动，如果将点赞和评论的入口直接放出来的话，用户互动频率变高，就会导致点赞者和评论者的意图性和含金量大幅度降低。在目前这种设计下所收到的赞美和互动会让分享者感到更真心实意一些，同时也减少了消息通知的打扰，这样整个朋友圈的互动分享生态才会变得更好，如右图所示。

8.5.2 朋友圈的模块设置

对于大多数微信用户来说，他们使用微信时常用的两个功能就是"对话"和"朋友圈"。从用户高低频操作的角度来说，朋友圈完全可以设计成一个单独的标签。但在微信产品设计中，朋友圈却被作为"发现"标签中的一个模块进行呈现，这是为什么呢？

就笔者个人观点来看，在微信产品设计中，如果朋友圈直接作为一个标签呈现，那么微信就真的变成了一个社交工具，而不是一种"生活方式"了。从格局维度来讲，"生活方式"的格局定义远高于社交工具。同时，朋友圈作为一个模块，可以很好地将一部分流量分发到购物、游戏、扫一扫及小程序等模块当中，如下图所示。

8.5.3　购物、钱包和游戏模块设置

几乎所有互联网产品的追求都是将产品做大，然后变现盈利。在用户流量较大的 App 中可以有很多的变现方法，如游戏、购物及支付，这些都是强盈利的产品，而微信却将这些产品以标签中的列表的形式展示给用户，这看似不符合商业逻辑，而实际则不然。

如果将购物、游戏及支付等功能再进行强化，那么微信给用户的印象将不再是"生活方式"，而变成了一个单纯的卖货、游戏和支付的平台，这可能会影响微信的用户认知和产品定位，如下图所示。

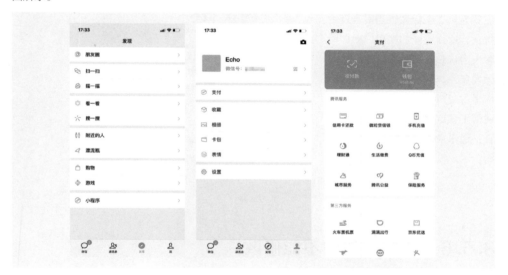

8.5.4　朋友圈支持的图片上传格式

在日常生活中,许多人都认为 GIF 动图是好玩且有意思的,而对于经常发朋友圈的人来说,应该很希望朋友圈能够发布 GIF 动图,但微信系统却不支持这一功能,这是为什么呢?

针对这点,笔者认为微信设计师在考虑分享者的需求时,也可能同时考虑到了浏览者的需求。如果微信系统被设置为支持朋友圈中上传 GIF 动图,那么用户在浏览朋友圈的过程中,会很容易被 GIF 动图所吸引和干扰,从而抢夺浏览者浏览整个朋友圈时的视觉焦点。同时,在使用微信朋友圈的过程中,有的用户为了吸引目光,会故意发一些哗众取宠的动态图,以吸引微信好友关注,如此可能会导致一些浏览者的体验变差。

简而言之,设计师在进行产品设计时,并不是要充分满足每一项用户需求,而是需要综合考虑产品整体的需求和体验。

8.5.5　通讯录的模块设置

在微信有限的界面中，通讯录作为第 2 个标签页出现，无疑是拥有着特别重要的地位。但实际上这个标签的内容都是与联系人相关的，用户进入这个页面进行操作的频率很低，微信团队为什么要将这么重要的位置留给通讯录呢？

究其原因，早期版本的微信就是一个即时通信的 App，所以联系人显得比较重要，将通讯录设置为第 2 个标签页是很合理的做法，这样更能加深用户对即时聊天的认知。随着微信这个 App 的发展，其他业务的进入导致微信平台变得臃肿，为了保留即时通信工具这个属性，所以微信一直将通讯录的位置保留着，如右图所示。

8.5.6　微信号为何不能修改

许多 App 在注册账号时，都支持用户多次修改用户名。而在设置微信号时，一般只能设置一次，然后就无法更改了，这是为什么呢？

就笔者个人观点来看，微信号如果可以随意修改，那么就与 QQ 昵称一样不具有唯一性和识别性，整个后台数据存储会变得特别混乱。此外，很多用户会在不同场合留下微信号作为联系方式。如果微信号可以修改的话，那么之前留的联系方式就作废了，这样很影响联系成功率，同时也会对用户体验产生一定的影响，如右图所示。

8.5.7 相册模块的命名

微信中的朋友圈入口名称为"相册",而不叫"朋友圈",这是为什么呢?

就笔者个人观点来看,微信这样设计是为了鼓励用户发图片,因为图片比单纯的文字动态质量更高,如果改为了"朋友圈",则更偏向动态发布了,也就违背了该产品的设计初衷,如下图所示。

8.5.8 朋友圈的查看设置

微信朋友圈是不支持分组查看的,这是为什么呢?就笔者个人观点来看,可能是因为大部分用户查看朋友圈的目的是为了打发时间,所以一般都希望朋友发的内容越多越好。增加分组功能,会减少内容的展示数量。分组之后,当用户停留在非全部导航页面时,会忽略其他分组的一些动态内容。同时,从产品的角度来说,朋友圈分组查看会导致很多好友的动态无法被浏览到,既影响产品的数据,也影响朋友圈的互动性,如右图所示。

8.5.9　群发仅限200人设置

在使用微信时，很多用户都有群发需求，希望可以将消息群发给所有人，但是微信只支持最多群发给 200 人，如下图所示。

之所以要这么设置，要从微信群发的两个角色说起，即群发者和接收者。目前，微信群发的使用场景都是二维码宣传、点赞请求、过年群发及微商选定目标人群广告消息等，这些对于接收者而言都是"骚扰信息"。如果支持无限量群发，那么接收者收到的信息会变多，会被过度干扰，进而导致接收群体的用户体验变差。

8.5.10　对话列表的删除设置

微信中的对话列表只支持选择删除，不支持批量删除。原因是如果对列表进行了批量删除，用户和被删者主动对话的概率就会下降，微信对话的整体活跃度也可能会随之降低。

总体来讲，微信的设计逻辑主要分为两个方面：一是整体考虑所有角色，在考虑角色 a 的使用需求的同时，还要考虑角色 a 的使用需求给角色 b、角色 c 或平台所带来的影响（这点很重要，也是设计师在做设计的时候很容易忽略的）；二是关注整个产品的定位及平台生态，考虑需求或设计时，应先从全局开始，再到局部。